召しませ。梅村 月

梅村月／著

想吃。
梅村 月

三菜一飯台日式便當

序 一〈便當的記憶〉

日本有三大中華街，分別在橫濱、神戶和長崎。

這三個城市有許多的共通點，譬如，過去洋人居住的樓房成了今日的觀光勝地；背山面海的陡峭斜坡上延展著街道；坡度高的地方稱為「山手」，住得愈高顯示身分地位愈高；那些位在「山手」區域的基督教女子學校成為引領潮流時尚的起點；另外，美食多、流氓幫派多、發祥自此地的名產也多，都是它們的相似之處。

依山傍海的神戶，是一座山坡城市，夾在六甲山與大阪灣之間。這塊東西狹長的土地南北流貫著七條河川，三條鐵路橫跨其上比鄰而行。在神戶，隨處都可以看到海，有時還能聽到乘風而來的輪船汽笛聲，與對岸的和歌山遙遙相望。

此外，神戶也是個既能接受異國文化又能發展出自我風格的城市，像服飾、洋菓子、咖啡、電影、爵士樂都是獨樹一格的。相較於被開發成美國航線的港口，深受美式文化影響的橫濱，神戶瀰漫著優雅細緻的歐洲風情，那是緣於它不僅是歐洲航線的起點站，同時也是終點站。

我們搬來神戶，已經十七年了。

這些年，兩個兒子已長大成人，而我們夫妻則隨著歲數身形縮小了些。么兒搬去名古屋上大學，一家四口聚在桌前吃飯的日子變少了，妻子準備便當的機會也銳減。

近來，當我望著風平浪靜的海港夕陽，不禁心生感慨。

所謂的家人，不也像是過客，他們不停在改變，不斷在移動，不會永遠存在，也充滿了不確定性。而家人之所以成為家人，正因為我們知道，聚集在此的成員總有一天會離開，孩子因升學就職而離家，長者有一天會逝去，家不過是一時的共同體而已，因此在某人缺席的時候才會喚起那份「啊～那時候他還在呢 .....」的回憶。

「你看這婚禮時拍的照片。那時候，爺爺還那麼有朝氣！」

「那麼可愛的孩子如今已是個大學生了，真讓人不敢相信啊！」

不管身處故鄉或在何方，夫妻倆只要一開口聊天，準是類似的對話。事實上，只有家人之間才會有這種「總覺得少了一個誰」的共同感覺，不是嗎？身為其中一份子的「幸福」，往往是在失去之後才被回想喚醒，過去那段無時無刻能見到彼此的時光，是何等的幸福。直到那個人不在了，那番滋味才帶著無限感傷浮現。

　　這本書所收錄的便當，是妻子每天早上為兩個兒子盡心料理飯菜的記憶，如今他們已外出求學，不在家了。每翻開一頁，我彷彿能從便當照片裡，見到孩子們的笑容及一身制服的身影。

（月譯）

お弁当の記憶

　この本に掲載されているお弁当の数々は、今は大きくなっ
て遠くにいる息子たちのために、妻が毎朝、丹精込めて作っ
た心づくしの記憶である。ページを繰ると、お弁当の写真の
陰から、子供たちの笑顔や制服姿が仄見えるようだ。

梅村 修

前言

今天便當，做甚麼好呢？

每天清早醒來，這個問號就在我腦子裡打轉。躺著想，冰箱有哪些素材？接著想，該組合什麼菜？念頭未定，朦朦朧朧便起身往廚房去，時間不容你遲疑，打開冰箱，看有甚麼，就做甚麼。也許你跟我一樣，發想菜色時，近似一種反射。那種反射，來自於每天做、每天想，日積月累，成了一種直覺，幫助我們臨機應變，鎮定處之，持續地做下去。我抽身俯瞰自己，發現自己似乎走在一條軌道上，單純而清晰。一個便當，包含了三菜一飯，主菜＋副菜＋常備菜，是的，我的便當，三道菜就好。

先決定主菜，物色素材。五花肉等多脂部位遇冷容易變得黏濁，味道模糊，最好避開。豬肉就挑梅花肉、里肌、腰內肉 (菲力) 等部位，或用雞、牛、魚、蝦、花枝、扇貝等白肉海鮮，施予手法。海鮮讓它不腥，低脂亦讓它不乾不柴，裝進便當，禁得起密封、移動、擱置。燒好主菜、副菜，再植入一道常備菜，便當就完成了，精潔輕巧至此，持續不會難。

通常，我們習慣把剛買回來的蔬菜魚肉，一股腦兒往冰箱放。有時，不妨順手把包裝拆開，簡單醃一下，或稍做加熱、調味，裝入容器，儲備起來。只要想像，那幾盒常備菜將成為支援你的後盾，卸下不知道「做甚麼好？」的煩惱與焦慮。也許你可以試試，順勢多燒一些，權充備份。清早醒來，見到那幾盒常備菜在冰箱，負擔一下子輕了，這時，你只要著手進行主菜，再加一道副菜，便當就完成了。給自己餘裕，平時做幾盒常備菜吧，或在前一晚洗洗切切，醃個底味，隔天一早只要打開爐火，讓自己行進從容。

做之前，想一下作業動線，蒸煮炒炸，哪個先哪個後，讓瓦斯爐、微波爐、烤箱同時啟動，分工進行。鋪在底層的飯，有時讓它躍上來，與菜搭配襯合，剩菜或常備菜都是引子，埋進飯裏面，捏成圓形、橢圓或三角形飯團，單手可食，方便討喜。或乾脆炒個飯，素材統統放進來，隨性拿捏調味，信手拈來種種佳。

一盒便當，涵蓋了酸甜鹹辣，我喜歡抑揚頓挫的調味，烹燒中淋點黑醋豐富滋味，用白葡萄酒醋漬瓜醃菜，放一點甜在裡面，多層次的香，嘗起來清爽抖擻。酸、甜、鹹之外，時而讓辣的酥麻挑動感官，活潑味覺。比如：糖醋里肌＋梅香山藥＋蘆筍拌芝麻醬便當、黑醋照燒鰤魚＋茄子炒番茄＋花枝拌芝麻醬便當……這些台日菜式組合，對出身台灣現居日本的我來說，是再自然不過的了。做便當，我只考量這三者的均衡：食材、滋味、顏色，少了甚麼，就添甚麼。

料理或許有疆域之別，但對我來說，台菜與和食是我的左右手，撐開我的世界，眼前的素材，身體的感受，記憶裡的風景、氣味，旅行沿途的蛛絲馬跡，透過長年料理的實踐，兩者交互纏繞、想像、摸索，變成一道道菜，變成便當裏的山水。飯是大地，我靠著踩在土地的感覺，鋪陳盒內景色。

帶著便當走吧！除了學校和辦公室之外，都市公園、林野湖畔，任何一個旅行歇腳處，都是享用便當的好地方。那種好地方，最適合鋪一張蓆子（或攤開手帕）坐下來休憩用餐。躲在樹蔭下，風掀起蓆子一角，一手捧著便當，聽蟲鳴鳥啼，看花草翻飛雲朵浮動，低頭一口，再一口，飢餓乏力的身體慢慢得到安慰與能量。封了一上午的飯菜，多少因移動而走形，顏色褪了幾分，味道也暈染到隔壁的菜，然而埋在便當的心力，咀嚼的人一定心知肚明。偶爾，也做一份給自己嘗嘗。

{ 關於調味料、辛香料與香草 }

鹽 | 選用天然結晶鹽，品牌不拘，精鹽粗鹽皆可。書中我使用的是粗鹽。

糖 | 白糖、二砂糖、三溫糖、蔗糖等風味、色澤、顆粒皆不同，書中我用的是蔗糖（きび砂糖），蘊含蔗香。楓糖淡雅，蜂蜜濃郁，我喜歡用楓糖、蜂蜜醃漬蔬果。需留意的是，楓糖的含水量比蜂蜜高，開封後一定要冷藏或冷凍，否則容易發霉。選購容量小的楓糖，以便盡早用完。

酒 | 依料理菜式選用清酒、米酒、紹興酒、葡萄酒，其酒精濃度及香氣，依自己所好決定。一般飲用酒比「料理酒」來得香醇，烹調食物以一般飲用酒為優。書中使用的是日本清酒。

味醂 | 選用味醂「本みりん」，而非「味醂風調味料」。後者含鹽分及甘味料，酒精成分微乎其微，無法取代味醂。

醬油 | 「淡口醬油」比一般醬酒（「濃口醬油」）顏色淡、鹽分高，欲保留菜蔬食材原色，用「淡口醬油」；若欲燒出赤褐晶亮的醬色，加一般醬油為宜。

蠔油 | 最常見的李錦記蠔油醬。

醋 | 喜愛黑醋料理的我，台灣工研烏醋一定常備。此外，紅葡萄酒醋、白葡萄酒醋、千鳥醋、米醋，各有擅場，風味因廠牌殊異，有的味道尖銳，有的溫良，嘗一嘗，選擇自己喜愛的酸香，善用其特質，尖銳的醋最好經過加熱，適度揮發，而醃漬用的醋盡可能挑風味圓潤一點的。

味噌	白味噌的顯色較淡，味較甘，信州味噌是最普遍也最常派上用場的味噌。赤味噌的味道濃郁，色澤暗紅，接近褐色，存在感強烈。依料理所需，選用不同味噌，有時將兩者融合，創造多層次的滋味，引出新發現。
麻油	粗分黑麻油及白麻油，我習慣用香氣淡雅的白麻油料理菜餚。
奶油	書中用的是含鹽奶油。
油	用植物油，舉凡大豆油、米油、沙拉油、葵花油皆宜。書中用的是菜籽油。
辣瓣豆醬	愛用明德辣豆瓣醬。
芥醬末粒	最普遍的法國品牌 MAILLE 芥末醬粒。
香料	花椒粒與黑胡椒粒入油炒香，深邃動人。不論是黑胡椒粉、白胡椒粉、山椒粉，或黑芝麻、白芝麻，沒有比現磨現炒的更香。品牌不拘。
香草	新鮮的迷迭香、千里香，月桂葉、巴西里、山椒嫩芽、紫蘇、香菜等翩然入菜，有畫龍點睛之效。若無新鮮香草，可用乾燥香草末替代，但必須酌量，因為新鮮香草與乾燥香草宛如異類，是截然不同的素材。

基本計量單位：

1大匙＝15ml ／ 1小匙＝5ml ／ 1杯＝200ml ／ 1米杯＝180ml

書中沒有標示人數的食譜材料，均為兩人份。

｛海鮮類｝

{ *便當中的常備菜 }

召しませ…

 肉類

薑燒雞肉便當

○ 鶏のしょうが焼き弁当

主菜	雞腿肉（雞胸肉亦可）1 副	醬料
薑燒雞肉	糯米椒 15 條	酒、醬油 各 1 大匙
	太白粉 1 小匙	味醂 1/2 大匙
	油 少許	糖 1 小匙
		薑泥 2 小匙

1. 雞肉若有多餘脂肪及筋條，先切除，再將肉切成塊狀，撒上太白粉。調製醬料。
2. 糯米椒先用刀戳一下，以防加熱時迸裂。
3. 熱平底鍋，放入油少許，雞皮面朝下，以中火煎 3 分鐘，煎到焦黃上色再翻面，把糯米椒放入鍋邊。
4. 鍋底若有過多油脂，用廚紙巾吸除，再放入醬料纏裹雞肉，燒到縮汁。

副菜	櫛瓜 1 條
煎櫛瓜	粗鹽、黑胡椒粉 各少許
	油 1/2 大匙

1. 櫛瓜切成 1 公分厚圓狀。
2. 熱鍋潤油，中火煎櫛瓜，見到瓜緣焦黃轉熟，翻面，撒入鹽、黑胡椒粉調味。

常備菜 ｜ 小番茄炒紫洋蔥 → 131 頁

○ 鶏の醤油炒め煮弁当

紅燒雞便當

主菜	雞腿肉 1 副（300g）	調味料
紅燒雞	大蒜 1 ～ 2 瓣 薑 1 塊 蔥 2 ～ 3 根 紅辣椒 1 條 油 2 小匙	鹽 1/2 小匙 醬油、酒 各 1.5 大匙 糖 1 大匙 黑醋 2 小匙

1. 蒜頭拍碎。薑切片。蔥分蔥白及蔥青，各切成 4 ～ 5 公分長。紅辣椒斜切成段。雞肉切塊狀。
2. 熱鍋潤油，爆香蒜、薑、蔥白、紅辣椒，放入雞肉，煎到表面微微上色，下調味料，上蓋燜燒至熟。
掀蓋，放青蔥，拌一拌，燒到縮汁。

副菜	彩色小番茄（或葡萄） 6 顆
芥末小番茄	醬料 　白葡萄酒醋（或白醋） 1 大匙 　芥末醬粒 1/2 小匙 　糖 1/2 小匙 　鹽 1 小撮 　胡椒粉 少許

1. 小番茄放入滾水燙 2 ～ 3 秒，皮一綻開即熄火，撈起，一顆顆剝去外皮。
2. 醬料調勻，小番茄泡入醬料中至少 10 分鐘。

常備菜 ｜ 油豆腐皮捲 → 150 頁

○ ピリ辛酢鶏弁当

帶辣糖醋雞便當

主菜	雞腿肉 1 副	油 適量
帶辣糖醋雞	底味	醬料
	醬油 1/2 大匙	黑醋 3 大匙
	胡椒粉 少許	酒 2 大匙
	太白粉 2 大匙	糖 1.5 大匙
	舞菇（或杏鮑菇）　100g	辣豆瓣醬 1/2 大匙

1. 割除雞肉多餘的脂肪及筋條，切成約 15 等分的小塊，揉入底味，直到被肉吸收。靜置 15 分鐘。油炸前，撒上太白粉。

2. 舞菇撕成易入口的大小，無須水洗，無須撒粉。

3. 熱鍋後注油，約 1 公分高油量，等油溫升至 180 度，放入雞塊炸至渾身酥黃即起鍋，接著放入舞菇炸，數秒即熟，撈起。

4. 醬料注入平底鍋，以小～中火煮滾，放入炸過的雞塊、舞菇，翻炒纏裹醬汁，燒到縮汁。糖醋雞稠香酸甜，冷了也可口，最適合帶便當。

副菜	鹿尾菜（乾燥）　14g	調味料	冷藏保存 1 週
甜椒鹿尾菜炒	甜椒 半個	酒 2 大匙	
	大蔥 半根	醬油 1.5 大匙	
	麻油 2 小匙	糖、麻油 各 1 小匙	

1. 鹿尾菜泡水至少 20 分鐘，使之膨發。沖洗一下，瀝乾。

2. 甜椒切細條，大蔥切末。

3. 平底鍋以中火加熱，下麻油炒香蔥末，放入鹿尾菜及甜椒翻炒數下，再下調味料，炒到縮汁。

常備菜　｜　咖哩醬油漬鵪鶉蛋牛蒡 → 144 頁

串燒雞便當

○ 焼き鶏弁当

主菜／副菜

雞肉串、糯米椒串、鵪鶉蛋串

雞腿肉 1 副
大蔥 10cm
糯米椒 8 ～ 10 條
鵪鶉蛋 8 顆
酒 2 大匙
油 少許

醬料
　醬油、味醂 各 2 大匙
　糖 1 小匙
山椒粉或黑胡椒粉 隨意

1. 做雞肉串：雞肉切小塊。大蔥切段 2cm。雞肉與大蔥交替插上竹籤，做成雞肉串 2 根。

2. 做糯米椒串和鵪鶉蛋串：糯米椒以竹籤戳一下表面，以防加熱迸裂。糯米椒 4 或 5 條以竹籤橫插成串，鵪鶉蛋 3 顆插成一串。

3. 熱平底鍋，注油少許，放入雞肉串，煎到表面上色，再投入鵪鶉蛋串、糯米椒串。

4. 鵪鶉蛋及糯米椒先取出，接著注酒 2 大匙，續煎雞肉到熟，取出。

5. 煮滾醬料，煮到呈現黏稠，放回雞肉串、鵪鶉蛋串及糯米椒串，讓醬汁充分裹覆表面。

6. 把飯盛入便當，上面鋪一層海苔 (分量外)，淋點醬汁，擺入雞肉串、鵪鶉串、糯米椒串，撒點山椒粉或黑胡椒粉添香。

常備菜 ｜ 茗荷小番茄 → 133 頁

○ ローズマリーチキンロースト弁当

迷迭香烤雞便當

主菜／副菜

迷迭香烤雞／烤時蔬

雞腿肉 1 副
底味
　粗鹽、黑胡椒粉 各少許
　白葡萄酒 1 大匙
　橄欖油 1 大匙
　迷迭香 1 根（折成對半）

蘆筍、甜椒、青椒 適量
橄欖油、粗鹽 適量

1. 雞肉撒上鹽、黑胡椒粉、白酒、橄欖油，放一根迷迭香（折成對半），醃 30 分鐘以上（冷藏一晚尤佳）。

2. 蘆筍削去莖部（約 1/3 長度）的硬皮，柔嫩外皮要保留。甜椒、青椒各縱剖去籽。

3. 烤箱預熱到 180 度。

4. 熱平底鍋，把雞肉煎到表皮酥黃後起鍋，置上烤盤。蘆筍、甜椒、青椒一併放入，淋些橄欖油，撒點粗鹽，烤 10 分鐘。

5. 烤雞取出切成數塊，與蘆筍、青椒、甜椒裝入飯盒。

常備菜　│　酪梨紫洋蔥沙拉 → 129 頁

○ しっとり鶏ロース弁当

柔嫩雞胸便當

冷藏保存 5 天

主菜

柔嫩雞胸

雞胸肉 1 副 (300g)
粗鹽、黑胡椒粉 少許

醬料
昆布高湯 400ml
淡口醬油 120ml
味醂 120ml
蘿蔔新芽 (或生菜) 適量

1. 雞肉撒上粗鹽、黑胡椒粉各少許，揉按一下。
2. 平底鍋不放油，乾煎雞肉。皮朝下，煎到酥黃再翻面，肉色一轉白即取出。
3. 醬料注入深鍋，以中火煮滾，放入雞肉，冒出小泡泡時立刻熄火，蓋上鍋蓋，藉由餘溫慢慢滲透，最好浸泡至少 8 小時 (一個晚上)，使之入味。肉嫩味醇，做法極簡，只需要時間。斜切雞片使口感更滑嫩，淋醬汁，添生菜一道享用。

副菜

烤鑲豆糯米椒

糯米椒 10 條
煮熟或蒸熟的大豆 70g
味噌 2 小匙
味醂 1 小匙
麻油 1 小匙

1. 豆類不拘，將煮熟或蒸熟的大豆、黑豆、甜豆等與味噌、味醂、麻油一起拌勻。
2. 縱剖糯米椒一刀，將拌好的豆類塞入，送烤箱（180 度）烤 7 ～ 8 分鐘。

常備菜 ｜ 橙香紅蘿蔔 → 124 頁

○ 鶏胸肉のピカタ弁当

蛋衣雞胸肉便當

| 主菜 蛋衣雞胸肉 | 雞胸肉 1 副（300g）
底味
　粗鹽 1/2 小匙
　麻油 1 大匙
　麵粉 適量
　蛋 1 顆 | 油 1 大匙
山椒嫩葉 隨意 | 冷藏保存 5 天 |

1. 蛋打散。
2. 雞肉去皮，以躺刀斜片 10 等分，揉入鹽、麻油，使之入味，渾身撒上薄薄一層麵粉，再裹蛋液。
3. 平底鍋熱油 1 大匙，以小～中火煎肉，表面 2 分鐘，再翻面煎 1 分鐘，蛋香肉嫩，隨喜好黏附山椒嫩葉在肉片上，微煎一下。

| 副菜 味噌山藥櫛瓜 | 山藥 150g
櫛瓜 150g
橄欖油 2 小匙 | 醬料
　白味噌 1 大匙
　酒 1 大匙
　芥末醬粒 1.5 小匙 |

1. 山藥與櫛瓜各切成厚 1 公分圓狀，山藥塊形較大者，再對切成半圓形。
2. 醬料調勻。
3. 中火熱鍋潤油，煎山藥與櫛瓜至邊緣微焦上色，熄火，注入醬料，拌勻。

常備菜 ｜ 高麗菜玉子燒 → 165 頁

○ わかめ鶏団子弁当

海帶芽丸子便當

主菜 海帶芽丸子	雞腿絞肉 200g 丸子底味 　鹽 1/3 小匙 　黑胡椒粉 少許 　酒 1 小匙 　蔥 (切碎) 約 10cm 　薑 (磨泥) 一塊 　太白粉 1 大匙 　麻油 2 小匙	醬料 　黑醋 3 大匙 　醬油 2 大匙 　酒 2 大匙 　糖 1.5 大匙～ 2 大匙 油 2 小匙 乾海帶芽、山椒嫩葉 各適量

1. 乾海帶芽泡水軟化。
2. 雞絞肉放入大缽，下鹽、黑胡椒粉、酒、蔥末、薑泥、麻油、太白粉充分攪拌，揉成直徑 2cm 左右的丸子。(可事前準備，冷藏一晚)
3. 熱平底鍋，注油煎肉丸子，煎到表面上色後，放入醬料與海帶芽，煮到充分裹覆醬色，縮汁。
4 便當鋪一層飯，放入丸子及海帶芽，以山椒嫩葉點綴其上。

副菜 涼拌小黃瓜	小黃瓜 1 條 鹽 少許 麻油 1 小匙 薑泥 1 小匙 胡椒粉 少許

1. 小黃瓜切成厚 1cm 圈狀，撒鹽漬 10 分鐘。
2. 薑泥、麻油淋上小黃瓜，撒胡椒粉少許，拌一下，放入冰箱鎮涼。

常備菜　茗荷紫洋蔥 → 132 頁

翠餡菲力便當

○ 豚ヒレ肉の香草ロール弁当

| 主菜
翠餡菲力 | 腰內肉 (菲力) 270g
菠菜葉 (僅菜葉) 30g
香草末 (種類不拘，義
大利香芹、巴西里、細
葉香芹等碎末) 3 大匙
粗鹽、黑胡椒粉 適量 | 料理棉線 一段
奶油 2 小匙
白酒 70ml
芥末醬粒 1 小匙
鮮奶油 100ml | 冷藏保存 4 天 |

1. 汆燙菠菜葉，擰乾，切碎。

2. 平底鍋放入奶油 1 小匙，放入菠菜及香草末炒，撒入粗鹽、黑胡椒粉調味。

3. 腰內肉橫向切一刀，缺口塞入香草菠菜葉，用棉線綑綁固定，修整形狀。

4. 熱平底鍋，放入奶油 1 小匙煎肉，煎到表面上色。

5. 下白酒、芥末醬粒及鮮奶油，蓋上鍋蓋，以弱火煮 10 ～ 12 分鐘。取出菲力，鍋裡的醬汁以鹽稍加調味。冷卻後，卸除棉線，切片，沾醬汁享用。

| 副菜
芥末油菜花 | 油菜花 1 包（200g）
芥末醬粒 1 小匙
醬油 1 小匙
橄欖油 1 小匙
楓糖 1 小匙 |

1. 油菜花以滾水汆燙，一轉豔綠即撈起，擰乾，放涼，切成 3cm 段。

2. 把芥末醬粒、醬油、橄欖油、楓糖混勻後，與油菜花拌合一起。

常備菜 │ 香草炒甜椒 → 138 頁

薑燒豬肉便當

○ 豚のしょうが焼き弁当

主菜

薑燒豬肉

梅花肉或大里肌（薄片）　200g
麵粉　適量
油　1/2 大匙

醬料
酒、味醂、醬油　各 1.5 大匙
薑泥　1 大匙

1. 肉片置於盤上攤開，麵粉過篩，撒勻肉片兩面。
2. 調勻醬料，備一旁。
3. 熱鍋潤油，肉片一張張展開入鍋，煎到雙面微微上色，注入醬料，燒到縮汁。

副菜

花椒炒 高麗菜

高麗菜　1/4 顆
花椒粒　1/2 小匙
粗鹽　1/4 小匙
糖　1 小撮
油　1/2 大匙

1. 高麗菜切絲，撒入粗鹽 1/4 小匙，靜置 5 分鐘使水分釋出，可使炒菜時間銳減，菜的口感保持脆嫩。
2. 熱鍋潤油，放入花椒粒炒香，高麗菜入鍋前擰一下水分，翻炒數下，加入糖 1 小撮，炒到渾身油亮翠豔，盛起。喜歡口感較軟者，可上蓋燜 1 至 2 分鐘。

常備菜　錦絲蛋 → 164 頁
　　　　橙香紅蘿蔔 → 124 頁

○ 台湾トンカツ弁当

炸排骨便當

主菜 炸排骨	大里肌厚片（豬排用） 2 片	蛋白 少許
	大蒜 1～2 瓣	地瓜粉 3～4 大匙
	醃料	油 適量
	醬油、酒 各 2 大匙	
	糖、醋 各 1 大匙	

1. 醃肉前，先用菜刀的刀柄、刀面拍打豬肉，打成兩倍大，在肉與脂肪的連接處劃上 3～4 刀斷筋，以防加熱後皺縮。

2. 大蒜切末，加入醃料後調勻再進行醃肉，最好醃至少 4 小時 (醃一晚尤佳)，冷藏。

3. 取出冷藏肉片，塗上蛋白少許，覆上地瓜粉，靜置 2 分鐘使之返潮。

4. 鍋裡注油，油量約 1 公分高，待油溫升至 180 度，肉片入鍋炸酥。名為炸排骨，實為炸豬排，去骨的豬排方便食用，切成適當大小，裝入便當。

 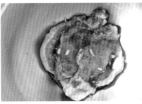 

副菜 漬小黃瓜 櫻桃蘿蔔	櫻桃蘿蔔 5 顆	醃料
	小黃瓜 1 條	淡口醬油、麻油、糖 各 1 小匙
	紫蘇 1 片	鹽水 （水 200ml ＋鹽 1 小匙） 適量
	紅辣椒 1 條	

1. 櫻桃蘿蔔與小黃瓜各切薄片，放入鹽水泡 10 分鐘，這比直接撒鹽在食材上口感更溫和，也易入味。

2. 紫蘇切絲。紅辣椒切成小圈。

3. 取出櫻桃蘿蔔與小黃瓜，擰除水分，放入容器，加醃料及紫蘇，拌勻。

常備菜 ｜ 鳳梨泡菜 → 137 頁

糖醋里肌便當

○ 酢豚スティック弁当

主菜 糖醋里肌	大里肌厚片 (豬排用) 200g 底味 　鹽、胡椒粉 各少許 　太白粉 1.5 大匙 油 適量	醬料 　醬油 1 小匙 　酒 1 大匙 　糖 1 大匙 　黑醋 2 大匙 　鹽 1/8 小匙 　黑胡椒粒 7 粒

1. 肉切成長寬等距的條狀，撒上鹽、胡椒粉打底味，裹覆太白粉，拍除多餘的粉，以免吸取過多的油。
2. 注油熱鍋，油量約 1 公分高，等油溫升至 180 度，放入里肌條油炸。別急著撥動，炸 1 分多鐘後再上下翻動。炸至酥黃，前後花約 3 ～ 4 分鐘。
3. 醬料倒入平底鍋，煮滾後，放入炸過的里肌條，充分裹覆，燒到縮汁，亮褐醺郁。

副菜 梅香山藥	山藥 6 公分長 梅子乾 1 ～ 2 顆 柴魚片 1/2 包 （約 1.5g) 蜂蜜 3/4 大匙 淡口醬油 1/2 ～ 1 小匙

1. 山藥削皮，切成細條。梅子去籽，剁碎。
2. 將梅肉、柴魚片、蜂蜜、淡口醬油調勻，與山藥拌合。

常備菜 │ 蘆筍拌芝麻醬 → 135 頁

○ 豚と木耳と卵炒め弁当

豬肉木耳炒蛋便當

主菜 豬肉木耳炒蛋	豬肉薄片 80g	茼蒿 半把（50g）
	底味	油 1 大匙
	胡椒粉 少許	黑醋、酒 各 1/2 大匙
	太白粉 1/2 小匙	醬油 1/2 大匙
	乾黑木耳 2g	鹽 1 小撮
	蛋 1 顆	胡椒粉 少許

1. 乾的黑木耳用水泡軟，蒂頭切除，黑木耳洗淨，拭乾。

2. 肉片切條，揉抓底味。蛋打散。茼蒿切成 5cm 長。

3. 以中強火熱鍋，下油 1/2 大匙煎蛋，煎到半熟，盛起。

4. 同一鍋再下油 1/2 大匙炒肉，肉一轉白即放入黑木耳，淋入黑醋、酒，翻炒數下。

5. 蛋回鍋，添入醬油、茼蒿一起拌炒，最後以鹽、胡椒粉調味。

副菜 明太子山藥	山藥 100g
	明太子 40g
	酒 1 小匙
	紫蘇 3 片
	奶油 1 大匙

1. 山藥削皮，切成厚 7 ～ 8mm 輪片，塊頭大的再對切成半圓形，送入烤箱，烤到表面乾酥。

2. 明太子去除外膜。撕碎紫蘇。

3. 奶油放入缽內，攪拌成稠乳狀，與明太子、酒拌勻，匯入山藥、紫蘇一起拌合。

常備菜 ｜ 薑絲雞胗雞肝 → 158 頁

蠔油番茄牛肉便當

○ 牛肉とトマトのオイスターソース炒め弁当

主菜 蠔油番茄炒牛肉	牛肉（薄片）150g 紅熟番茄 1 顆 大蔥 1 根 大蒜 1 瓣 粗鹽、胡椒粉 少許 太白粉 少許	油 2 小匙 調味料 　蠔油醬 2 小匙 　醬油 1/2 小匙 　糖 1/3 小匙

1. 牛肉切成 4 公分長，撒粗鹽、胡椒粉打底，雙面沾覆太白粉。
2. 番茄切六等分，大蔥斜切成片，大蒜切薄片。
3. 中火熱鍋潤油，放入蒜片、牛肉拌炒，肉一變色轉熟，下大蔥、番茄，加入調味料，翻炒數下，讓味道均勻。

副菜 舞菇青江菜炒	青江菜 2 株（150g） 舞菇 100g 油 1/2 大匙 粗鹽 1/6 小匙 胡椒粉 少許

1. 青江菜把莖與葉分開。莖部縱剖四～六等分（視莖部大小而定），切成小段，葉片保留原狀。
2. 煮滾一鍋水，加鹽汆燙青菜，葉片轉豔綠即撈起，瀝乾，以保鮮綠。
3. 舞菇撕成小片。
4. 平底鍋潤油，中火炒舞菇，香味一出，投入青江菜拌炒兩下，撒入鹽、胡椒粉調味。

常備菜 ｜ 醬油奶香南瓜 → 145 頁

燒肉便當

○ 燒肉弁当

主菜

燒肉

牛肉片 （燒烤用） 200g

油 2 小匙

醬料

醬油、糖 各 1 大匙

酒、麻油 各 1/2 大匙

白芝麻 1/2 小匙

蒜蓉、薑泥、蔥末 各少許

1. 醬料放入大缽，調勻。

2. 肉片浸泡醬料（市售燒肉醬亦可），醃 10 分鐘。

3. 中強火熱鍋潤油，把肉表面煎酥，再倒入醃肉剩餘的醬液，燒到縮汁。

副菜

茼蒿拌芝麻

茼蒿 90g

鹽 1 小撮

麻油 1 小匙

白芝麻 少許

1. 煮一鍋水，放入鹽少許（分量外），汆燙茼蒿，菜葉一轉豔綠即撈起，沖冷水，瀝乾。

2. 菜切成 4cm 長，放入缽裡，撒入鹽、麻油、白芝麻粒，拌勻。

常備菜 海苔炒甜椒 → 139 頁

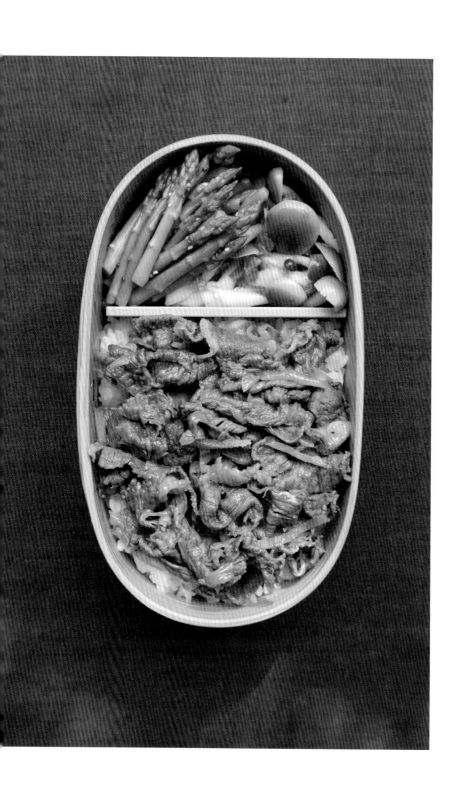

○ 牛肉の時雨煮弁当

時雨煮牛肉便當

| 主菜

時雨煮牛肉 | 牛肉 (薄片) 300g
大蔥 1 根
薑 約 25g | 醬料
水 200ml
酒 100ml
醬油、味醂 各 50ml
糖 1～1.5 大匙 | 冷藏保存 5 天 |

1. 大蔥斜切成片。牛肉切成 4 公分長。薑切絲。

2. 醬料注鍋煮滾後,放入牛肉、薑絲,以中火煮到縮汁八分,若出現浮沫請撈除。最後投入蔥片,稍微煮一下。

註:「佃煮」是日本人用來保存食物的烹調法,以醬油、酒、糖燜煮,食材入味後,外表裏上一層濃稠醬汁,收乾水分後的食材能減緩腐壞速度,適宜存放。「時雨煮」是佃煮的一種,它的料理時間如及時雨一般短暫,故有其名。除了醬油、酒、糖等基本調味外,還加了薑,宜於冷藏常備。

| 副菜

芥末蘆筍 | 蘆筍 70g
鹽 少許
醬料
　淡口醬油 1 小匙
　芥末醬粒 1 小匙
　蛋黃 1 顆份 |

蘆筍削除莖部硬皮,放入加鹽的滾水中汆燙,燙到色澤轉豔綠,軟度適中,充分滲透鹽分時撈起。切成適當長度,與醬料拌合。

常備菜 ｜ 梅香鴻禧菇 → 141 頁

海苔丸子便當

○ 鶏ひき肉のり巻き揚げ弁当

主菜	海苔 1 張（21x19 公分）
海苔丸子	油 適量
	餡料
	雞腿絞肉 100g
	醬油、酒、美乃滋、太白粉 各 1 小匙
	咖哩粉 1/2 小匙

1.一大張海苔折成十二等分，切開。
2.將餡料攪拌均勻，分成十二等分，形狀不拘，捏成小撮，分別用海苔包住。
3.熱鍋注油，待油溫升至 170 度，一一將海苔丸子炸酥，取出。

副菜	茗荷 1 個
涼拌茗荷 小黃瓜	小黃瓜 2 條
	粗鹽 1/2 小匙
	黑胡椒粉 少許
	麻油 1/3 小匙

1.小黃瓜削除外皮，露出翡翠色的瓜肉，用刀拍打，使瓜肉裂開，折成數段，撒上鹽，靜置 20 分鐘。
2.茗荷縱剖切片、切絲。
3.小黃瓜撐去水分，與茗荷、黑胡椒粉、麻油拌合。視覺味覺皆脆香清新。

常備菜 | 芥末馬鈴薯沙拉 → 147 頁

○ 大根のそぼろ炒め煮弁当

雞茸白蘿蔔便當

主菜 雞茸白蘿蔔	白蘿蔔（含蘿蔔葉）約 700g	酒 50ml	冷藏保存 5 天
	雞腿絞肉 200g	水 150ml	
	薑 1 塊	醬油 1 大匙	
	麻油 2 小匙	鹽 1/3 小匙	

1. 白蘿蔔削皮，切成 2cm 丁塊。白蘿蔔葉剁碎。薑切絲。

2. 中火熱鍋，倒入麻油，放薑絲炒到飄出香氣，再下絞肉炒到肉色轉白，加入白蘿蔔拌炒，再注酒、水煮到滾，撈除浮沫，轉小火，上蓋續煮 12 分鐘。掀蓋，添入醬油、鹽調味，撒入白蘿蔔碎葉，拌一下，起鍋。

副菜 花椒炒甜椒	青椒、甜椒 各 2～3 個	冷藏保存 4 天
	花椒粒 1 小匙	
	麻油 2 小匙	
	調味料	
	酒、醬油、味酥 各 1 大匙	
	鹽 1 小撮	

1. 青椒、甜椒除蒂去籽，縱剖成 1cm 條狀。

2. 中火熱鍋，放入麻油，下花椒、青椒、甜椒，翻炒半熟再下調味料，炒至翠綠晶紅，亮澤奪目。

常備菜 ｜ 高麗菜拌辣豆瓣醬 → 136 頁

香菇鑲肉便當

○ 椎茸の肉詰め煮弁当

主菜 香菇鑲肉	香菇 8 個 豬絞肉 200g 蔥 10cm 薑 1 片 紅甜椒、黃甜椒 各半個 太白粉 適量	餡料底味 　鹽、胡椒粉 各少許 　酒 1 大匙 　太白粉 1 大匙 醬料 　酒、味醂、醬油 各 3 大匙 　糖 1 大匙 　水 100ml

1. 香菇去柄，菇柄切末。蔥切丁。薑切末。
2. 絞肉拌入菇柄碎末、蔥丁、薑末，加入餡味底料充分攪拌，分成八等分。
3. 甜椒各切成四等分。
4. 做香菇鑲肉：菇傘內撒入太白粉適量 (幫助黏附)，再放上肉丸子，以牙籤固定。
5. 醬料注入鍋中，中火煮滾後，放入香菇鑲肉，上蓋煮滾後轉小火續煮 6 ～ 7 分鐘的同時，加入甜椒。熄火，不起鍋直接放涼，讓醬汁滲透。

副菜 烤紫洋蔥櫛瓜	紫洋蔥 1/2 個 櫛瓜 6 片 味噌 2 小匙 美乃滋 2 小匙

1. 櫛瓜切成 3cm 厚 (長度比照紫洋蔥尺寸切段)。紫洋蔥切成六等分。
2. 調勻味噌與美乃滋。烤箱預熱 200 度。
3. 烤盤鋪上烘焙紙，放入櫛瓜，抹一層味噌美乃滋，櫛瓜之上再擺上紫洋蔥，再塗一層味噌美乃滋。送烤 7 ～ 8 分鐘，使醬料焦黃，紫洋蔥熟透。

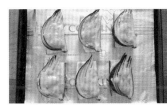

常備菜 ｜ 辣拌鵪鶉蛋小黃瓜 → 143 頁

○ 松風焼き弁当

松風燒便當

主菜	雞腿絞肉 300g	粗鹽　1/2 小匙	冷藏保存 1 週
松風燒	蛋液 半顆分	糖　1/2 小匙	
	洋蔥泥 60g	醬油、酒、味醂 各 1 大匙	
	太白粉　4/5 大匙		

1. 將所有材料放入缽裡攪拌均勻，並將烤箱預熱到 170 度。

2. 烤盤上鋪一張烘烤紙 (或鋁箔紙) 墊底，材料倒入容器，整平，送入烤箱烤 40 分鐘。

3. 散熱後從容器取出，依需求切成數等分。

註：「松風燒」是日本傳統年菜之一。此食譜肉餡加了蛋液，口感更柔潤，攪拌融合鋪平，送入烤箱烤熟，冷卻後，切成富有日本節慶喜氣意象的「羽子板」方狀，冷藏可保存 1 週。

副菜	花枝 1 隻	調味料
花枝炒黑木耳白菜	乾黑木耳 3~4g	醬油 1 小匙
	白菜 約 5 片	蠔油 1 小匙
	紅蘿蔔 1/2 條	酒 2 小匙
	蔥末、薑末 適宜	糖 2 小匙
	油 1 大匙	高湯 80ml
	黑胡椒粉、麻油 各少許	太白粉水 (太白粉 1/2 大匙＋水 1 大匙)

1. 乾黑木耳泡水 20 分鐘泡開再去蒂頭，洗淨，瀝乾。花枝的足部從胴體拉出，清除內臟、軟骨，切成厚 1 公分圈狀。眼部、足部、內臟也清乾淨，切成適合入口的長度。

2 斜切白菜的菜心，片成 2 公分寬。菜葉切成約 5cm 長。紅蘿蔔削皮，切條狀。

3. 平底鍋潤油，下蔥薑炒香後，放入紅蘿蔔及白菜的菜心，炒至半熟，加菜葉、黑木耳拌炒，最後投入花枝及調味料。花枝一轉色變熟，淋太白粉水勾芡 (適量即可)，撒點黑胡椒粉、麻油添香。

常備菜　│　什錦鹿尾菜 → 153 頁

干貝香辣肉鬆便當

○ 干し貝柱入りそぼろ丼弁当

主菜	豬絞肉 200g	紅辣椒 1～2 根	冷藏保存 5 天

肉鬆干貝香辣

豬絞肉 200g
干貝 5～6 個
四季豆 10 根
大蔥 10cm

紅辣椒 1～2 根
酒、醬油、水 各 2 大匙
油 1 大匙
飯 1～2 碗

1. 干貝泡水（或酒，分量外）一晚，再撕成絲。
2. 四季豆去蒂頭。大蔥、紅辣椒切丁。
3. 煮一鍋水，放入鹽少許，汆燙四季豆。燙熟後撈起瀝乾，切成 5mm 長。
4. 熱鍋潤油，以小火炒干貝、紅辣椒，飄出香氣後放入絞肉拌炒，轉中火。肉色一轉白，淋酒、醬油、水，上蓋燜煮 2 分鐘。
5. 掀蓋，放入四季豆和蔥末，翻炒兩下，起鍋。
6. 飯盒盛入白飯，干貝肉鬆鋪在飯上。

副菜 青江菜炒櫻花蝦

青江菜 2 株
櫻花蝦 10g
大蔥（切末）1 小撮

酒 1 大匙
鹽、胡椒粉 少許
油 1/2 大匙

1. 青江菜的莖與葉分開，莖部縱剖四～六等分，再切成數段，菜葉保持原狀，不劃刀。
2. 鍋子潤油，炒蔥末和櫻花蝦，飄出香氣後投入莖部，加酒，上蓋燜 1 分鐘。掀蓋，再下菜葉及鹽、胡椒粉，翻炒兩下。

常備菜 ┃ 四季豆玉子燒 → 166 頁

○ 野菜たっぷり肉味噌弁当

味噌肉丁便當

主菜 味噌肉丁	豬絞肉 220g 紅蘿蔔 70g 馬鈴薯 70g 毛豆 3 大匙 味噌 2 ～ 3 大匙

冷藏保存 3 天

1. 紅蘿蔔、馬鈴薯分別去皮切丁。水煮毛豆取出毛豆仁。
2. 熱鍋不放油,下豬絞肉炒到肉色轉白沁出油脂,放入紅蘿蔔和馬鈴薯翻炒,上蓋燜 1 ～ 2 分鐘。掀蓋,下毛豆及味噌拌勻。味噌依鹹度酌量,我喜歡用白味噌 1 ～ 2 大匙＋赤味噌 1 大匙加以調味。

副菜 菜脯蛋	蛋 4 顆 菜脯 30g 油 1/2 小匙	蔥 2 ～ 3 根 醬油 1/2 小匙 油 2 大匙

1. 蔥切末。
2. 菜脯泡水 10 分鐘,稀釋鹽分,擰乾後切碎。
3. 用油 1/2 小匙炒香菜脯,取出。
4. 缽裡放入菜脯、蔥末、醬油、蛋,打勻。
5. 以中～強火充分熱鍋,下油 2 大匙,一口氣注入蛋液,用鏟子攪動一下,蛋煎到半熟,翻面,飄出醬油菜脯香,起鍋,依需要切成數等分,裝入便當。

  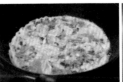 

常備菜 | 烤青椒甜椒 → 140 頁

〈報紙裡的便當〉

「好啦，便當可以包了！」我媽頭也不抬一下，桌上有五個便當還沒闔蓋，菜還冒著煙，比老爸更早出門的我，先抓一張報紙把自己的便當包起來。

讀女中那三年，上學要轉搭兩班公車，在清晨尖峰時段換車等車，折騰又耗時間。幸好鄰居爸爸開的交通車停在路邊等我們，早上六點二十分發車，他從不收費，但堅守時間，要是錯過了，鐵定遲到。每天，都是我叫我媽起床，鬧鐘還沒響就醒來，站在陰暗的走廊上敲爸媽寢室的窗：「媽，五點半了。」木窗內傳來均勻的鼻息，要是沒聽見回應，就再叫一聲。那時我媽上班，每天傍晚急急忙忙趕回家煮飯，早上還要為五個孩子和我爸帶便當，做了二十幾年母親的我直到現在，都不曉得她是怎麼辦到的。

基隆愛下雨，我討厭雨天，包著報紙的便當在書包裡，溽濕的車廂，飯菜混著油墨味，搖晃中，坐定位子，擱在腿上的書包還熱熱的。窄窄扁扁的書包，該把便當塞到哪一邊，每次都讓我好猶豫，若報紙抵不住盒縫溢出的油漬菜液，課本作業簿就慘了。

國中時，學校在山邊，不必搭車，走二十幾分鐘，過一座橋，爬一段坡就到了。爬山坡讓人餓，有些男同學一到教室就把便當吃掉，午休再去打別人的。好在男生班與女生班分在兩頭，教職員室及校長室隔在中間，沒遇上甚麼打劫。學校合唱團利用午休時間練唱，身為團員，我被迫限時在十分鐘內解決午餐，要是老師晚下課，更得狼吞虎嚥不可。為了練唱，五分鐘吞下一個便當！這可是個大轉變。讀小學時，我吃飯特別慢。學校在家後面，跑幾步翻個牆就到了。老師允許住得近的小朋友回家吃午飯，中午整點一到，學生如鳥獸散，要趕在十二點四十分打鐘前返校，趴下來午睡。這對當時吃飯慢吞吞的我來說，是不小的負擔。聽我媽說，童年時的我老是把飯含在嘴裡，久久不肯嚥下。媽盯著我，我盯著時鐘上的長針，心裡七上八下，不禁羨慕起離家遠的同學，能在教室併桌吃便當，吃完還有時間到操場玩。

橢圓形的不鏽鋼飯盒，束著一條橡皮筋，我們的便當不用筷子，不用湯匙，只插了一根大叉子，貼合蓋子。我問弟弟妹妹，最記得媽媽哪些便當菜？大妹說：「炸排骨。便當中只要有這一道我就覺得超開心的！」大弟也應道：「我特別記得炸排骨，用醬油醃製，裹上地瓜粉炸，蒸後也很好吃。」小弟小妹跟我一樣，第一時間就跑出了「炸排骨」！

　　問我媽怎麼做，她說：「排骨先醃製，用醬油、酒、醋、糖、蒜頭，醃製好了，加入一點蛋白攪拌均勻，用乾的地瓜粉抹上。加一點蛋白，粉才不會亂掉。鍋子熱了，油放下去就可以炸了。酥酥脆脆的。」

　　我也記得有紅燒雞。那紅燒雞呢？
　　「紅燒雞用生薑、蒜頭、青蔥、辣椒爆香，再放入雞肉燜炒一下，加少許鹽巴、醬油、酒、糖、醋各放一些再燜一下就 OK 了。」

　　我媽口述的食譜，跟我婆婆的一樣，沒有幾大匙幾小匙，調味料就放「一點」，時間不以分秒作單位，用「一下」來表現。我憑著記憶抓分量，燒出幾分像，把菜裝入便當，包上報紙，那報紙印滿平假名片假名。

　　自從目睹日本同學打開她花園般的飯盒以來，我便忘情於追求視覺，菜不僅要好吃，還要美。我承認，我愛美。直到這年紀，才慢慢走回去，覺得樸實無華的茶褐色伙食無比可親，只要稍稍回想，一道道家鄉菜便跑出來，重現在指間。而記憶總有侷限，一有模糊，就問媽媽。母親傳述的方子，沒有具體的數字，只有輪廓，反而帶來了緩衝與可能性，供我想像、揣摩，揉合成一種懷舊又新鮮的菜式。哪種功夫不是來自反覆練習，來自於溫故知新？

　　「媽，五點半了。」兒子打開寢室的門探頭進來，天還暗，走廊的燈烘托出圓圓一顆腦袋瓜，看不清他的臉，但我曉得該起床了。

召しませ…

● 海鮮類

○ 鮭のネギ焼き弁当

蔥香鮭魚便當

主菜

蔥香鮭魚

生鮭 2 份（180g）
鹽、胡椒粉、麵粉 各少許
蛋液 半顆分
青蔥 2 根
麻油 1 小匙

1. 鮭魚沖水 3 秒去腥，拭乾後切成三等分，雙面撒鹽、胡椒粉、麵粉，沾裹蛋液。
2. 蔥切碎，黏附鮭魚的表面。
3. 平底鍋熱油，放入蔥鮭煎到香酥，翻面再煎熟。

副菜

蘋果蘿蔔沙拉

櫻桃蘿蔔 5 顆
蘋果 半顆
鹽 1/4 小匙
檸檬汁 2 小匙
楓糖 2 小匙

1. 櫻桃蘿蔔剖對半，揉鹽入味。
2. 蘋果去芯切片，切成與櫻桃蘿蔔相仿的大小。
3. 缽內放入櫻桃蘿蔔、蘋果，淋檸檬汁、楓糖，混拌均勻，移置冰箱 20 分鐘以上，使之入味。

常備菜 │ 海帶芽玉子燒 → 167 頁

芥末鮭魚便當

〇 サーモンのマスタード焼き弁当

| 主菜 芥末鮭魚 | 生鮭魚 150g ～ 200g
紫洋蔥 1/2 個
鹽、黑胡椒粉 各少許 | 醬料
芥末醬粒 2 大匙
巴西里（切末）1 大匙
美乃滋 2 小匙 |

1. 鮭魚沖水 3 秒，拭乾去腥，雙面撒鹽、黑胡椒粉打底，切成四等分。

2. 洋蔥切成四等分。

3. 預熱烤箱 250 度。

4. 醬料調勻後，塗抹在鮭魚及紫洋蔥的剖面上，放入鋪有烘焙紙的烤盤，送烤 7 ～ 8 分鐘。

| 副菜 西芹奇異果沙拉 | 西芹 1 根
奇異果 1 顆 | 醬料
檸檬汁（或白葡萄酒醋）1 小匙
蜂蜜 1/2 大匙
橄欖油 1/2 大匙
鹽 2 小撮
黑胡椒粉 少許 |

1. 西芹摘除葉子，斜片成 5 ～ 6mm。

2. 奇異果削皮，切成丁塊。

3. 醬料調勻，與西芹、奇異果均勻拌合，添少許菜葉點綴。

常備菜 ｜ 紅蘿蔔炒明太子 → 126 頁

照燒鮭魚便當

○ 鮭の照り焼き弁当

| 主菜 照燒鮭魚 | 生鮭魚 2 片
粗鹽 適量
太白粉 適量
麻油 1 大匙 | 醬料
酒 2 大匙
醬油 1 大匙
味醂（或楓糖） 2 大匙 |

1. 鮭魚撒抹鹽，靜置 15 分鐘，拭乾魚身水分，切成兩半，覆上太白粉。
2. 熱平底鍋，注入麻油煎魚。煎至雙面上色後，擦拭鍋底的油分，下醬料，燒至濃稠，充分裹覆鮭魚。

| 副菜 慢煎甜椒 | 甜椒 1 個
麵包粉 1/4 杯
油 1/2 大匙
粗鹽、糖 各 1/4 小匙
巴西里或紫蘇 適量 |

冷藏保存 5 天

1. 甜椒去蒂除籽，縱剖成寬 8mm 的條狀。
2. 熱鍋潤油，以小～中火慢煎黃椒，釋出椒的甘甜。
3. 下鹽、糖、麵包粉調味，若有巴西里或紫蘇，撒一點上去。

常備菜　明太子四季豆 → 156 頁

奶油薑燒鱈魚便當

○ 鱈の生姜バター焼き弁当

主菜 奶油薑燒鱈魚	鱈魚 2 副（100g×2）	醬料
	太白粉 適量	酒 1 大匙
	油 1 小匙	糖 1 大匙
	奶油 1 大匙	醬油 1 小匙
	薑泥 1 大匙	水 1 大匙

1.鱈魚撒鹽（分量外），靜置 10 分鐘，拭乾水分以去腥。切小塊，沾覆太白粉。

2.熱鍋潤油煎鱈魚，中火煎到表面微酥，取出。

3.同鍋放入奶油，融化後炒薑泥，飄出香氣放入醬料拌勻，煮滾，再倒入鱈魚纏裹醬汁。

副菜 蒜香炒菇	香菇 5 ～ 6 朵	調味料
	鴻喜菇 200g	蒜頭 2 瓣
	醬油、粗鹽、黑胡椒粉 各少許	麵包粉 100ml
	橄欖油 2 大匙	巴西里 (切末) 3 大匙

1.香菇切半。鴻喜菇撕成小瓣。巴西里切碎。蒜頭切末。

2.熱平底鍋，乾煎鴻喜菇，煎到顏色轉黃，分量縮成約一半，加入香菇，淋橄欖油拌炒，下巴西里、麵包粉、蒜末，炒至麵包粉呈現酥黃時，沿著鍋緣淋下醬油，最後以粗鹽、黑胡椒粉調整味道。

常備菜 ｜ 漬秋葵四季豆 → 152 頁

○ 鱈の西京焼き弁当

西京燒鱈魚便當

主菜	鱈魚 3 片 (約 300g)
西京燒鱈魚	鹽 少許
	醃料
	白味噌 3 大匙多 (約70g)
	味醂 1 大匙
	酒 1/2 大匙

冷藏保存 5 天，冷凍保存 2 週

（未燒烤前）

1.鱈魚置於廚紙巾上，撒上鹽，靜置 15 分鐘，待魚釋出水分，仔細拭乾以去腥。

2.調勻醃料，塗抹在魚的表面，放入容器，蓋一層保鮮膜密封 (使用密封盒，可省保鮮膜)，冷藏 1～2 天。

3.烤魚前，稍微除去魚身上的味噌，留心勿烤焦。若怕烤焦，在魚身覆上一層鋁箔紙，微調火力與時間。若以平底鍋煎魚，先在鍋底鋪一張烘焙紙，放入魚，加水 2 大匙，開中火，蓋上鍋蓋，見鍋內升出水蒸氣，轉小火燜6 ～ 7 分鐘左右。

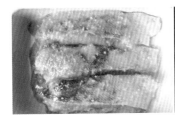  

副菜	菠菜 3 ～ 4 株 （約 100g）
梅香菠菜	梅子乾 1 顆 （約 25g）
	橄欖油 1 小匙
	醬油 少許

1.燒一鍋水，加鹽少許，汆燙菠菜，綠葉轉豔即撈起，沖冷水，擰乾。

2.梅子乾去籽，剁成泥狀。

3.缽內放入梅肉、橄欖油、醬油調勻，再加入菠菜拌合。

常備菜 | 金酥南瓜 → 146 頁

幽庵燒鰆魚便當

○ 鰆の幽庵焼き弁当

主
菜

幽
庵
燒
鰆
魚

鰆魚 2 片
醃料
　(淡口) 醬油、酒、味醂 各 2 大匙
　　檸檬 (或柚子) 1/4 顆
酪梨 1/2 顆
油 1 大匙

冷藏保存 5 天

(未燒烤前)

1. 鰆魚上撒點鹽 (分量外)，靜置 10 分鐘，再以廚紙巾拭除魚身沁出的水分以去腥。
2. 調勻醃料。
3. 將鰆魚泡在醃料至少 30 分鐘 (醃一晚尤佳)，時而翻面。酪梨縱剖四等分。
4. 平底鍋潤油，以小火煎鰆魚，皮面朝下，煎至魚皮酥黃後翻面，鍋面空處放入酪梨一起煎。
5. 鍋中注入醃料 (適量即可)，讓魚及酪梨裹覆上色，盛起。

副
菜

西
洋
芹
炒

櫻
花
蝦

西洋芹 1 根
櫻花蝦 2 大匙
油 1 大匙
大蔥 5cm
粗鹽、黑胡椒粉 各少許

1. 西洋芹的莖部斜切成薄片，菜葉切細。大蔥切碎。
2. 平底鍋潤油，蔥末炒香，先放西洋芹的莖部，炒到半熟，再加入櫻花蝦與芹菜葉，翻一翻，下粗鹽
和黑胡椒粉調味。

常備菜 菜捲丸子 → 160 頁

黑醋照燒魚便當

○ 鰤の黒酢照り焼き弁当

| 主菜 黑醋照燒魚 | 鰤魚（或旗魚）2 片
鹽、胡椒粉 各少許
大蔥 15～20cm
油 1 大匙 | 醬料
醬油 2 大匙
酒 2 大匙
味醂 1 大匙
黑醋 2 小匙 |

1. 魚每片切成三至四等分塊狀，撒上鹽和胡椒粉，靜置至少 10 分鐘（冷藏一晚尤佳）。大蔥斜切成薄片。
2. 魚塊入鍋前，拭乾魚身沁出的水分。
3. 熱鍋潤油，下蔥炒香，放入魚，煎到周圍轉白後翻面，再煎到微焦。淋醬料，燒到縮汁，最後階段特別要留意，勿燒到焦黑。

| 副菜 茄子炒番茄 | 茄子 1 條
番茄 1/2 顆
大蒜 1/2 瓣
油 1～2 大匙 | 調味料
蠔油醬 1 小匙
糖 1/2 小匙
鹽 1/3 小匙 |

1. 番茄切四等分再切對半。茄子切 4 公分長，再剖成四等分。大蒜切碎。
2. 熱鍋潤油，煎茄子至熟軟，再放入番茄與蒜末，下調味料，拌炒均勻。

常備菜 ｜ 花枝拌芝麻醬 → 157 頁

香嫩星鰻便當

○ ふっくら柔らか煮穴子弁当

主菜 嫩煮星鰻	星鰻 (已開腹去骨) 4 條 山椒粉 少許 醬料 　　酒、糖 各 2.5 大匙 　　醬油、味醂 各 2 大匙 水 50cc	冷凍保存 2 週

1. 煮滾一壺水。滾水淋燙星鰻的表皮，從頭到尾淋下，表皮的外膜一遇熱即浮凝轉白，用刀背輕輕刮除那層薄膜，以去黏腥。
2. 醬料入鍋煮滾，星鰻切對半投入，轉小～中火煮 10 分鐘，熄火，放涼。
3. 食用 (裝入便當) 時淋遍醬汁，隨喜好撒點山椒粉，柔煮星鰻，辛香軟豔。

註：冷凍保存後的嫩煮星鰻，食用前微波爐加熱 3 分鐘，或強火蒸籠 10 分鐘，即恢復口感柔嫩。

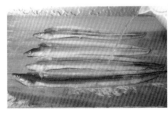

副菜 拌山藥茼蒿 味噌	山藥 150g 茼蒿 50g 味噌 1/2 大匙 淡口醬油 1 小匙 糖 1 小匙	冷藏保存 5 天

1. 煮一鍋水，放入鹽少許 (分量外) 汆燙茼蒿，撈起，放涼，切末，撐乾水分。
2. 山藥也在同一鍋燙熟，切成輪狀，較粗大者再對半剖開。
3. 缽裡放味噌、淡口醬油、糖，與茼蒿拌勻，做成綠菜泥，再與山藥輕輕拌合。

常備菜　煨香菇紅蘿蔔 → 127 頁

星鰻捲蔥便當

○ 白葱の穴子巻き弁当

| 主菜 星鰻捲蔥 | 星鰻 (開腹去骨) 2 條
鹽 適量
大蔥 (僅蔥白) 20cm |

1. 煮一壺水。

2. 以熱水淋燙星鰻的表皮，從頭到尾淋下，表面的外膜一遇熱即浮凝轉白，用刀背輕輕刮除薄膜，以除黏腥。

3. 若星鰻不易入手，改用開腹去骨後的秋刀魚或白帶魚亦佳。白帶魚肉質細緻，秋刀魚多脂豐潤，兩者皆可省去淋燙表皮薄膜的步驟，直接撒鹽料理。

4. 蔥白切成 4 段，表面再橫劃數刀，與纖維垂直，以便入味，也好入口。

5. 星鰻拭乾水分，撒上鹽少許。以鰻尾為始，以斜捲角度把蔥段整個纏捲起來，最後以數根牙籤固定。

6. 送烤箱 (250 度) 烤至酥熟，依喜好佐以梅子泥或檸檬片，讓滋味更潔爽，富有層次。

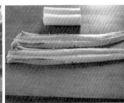

| 副菜 炸浸茄子甜椒 | 茄子 2 條
甜椒 1 個
醬料
　昆布高湯 200cc
　淡口醬油、味醂 各 1 大匙
　薑泥 適量 |

茄子、甜椒切滾刀，放入油鍋炸熟，浸泡醬料至少 10 分鐘，使之入味。

常備菜　四季豆煮油豆腐 → 151 頁

串燒扇貝便當

○ ホタテの串焼き弁当

主菜	新鮮扇貝 9 個
串燒扇貝	醬油 1/2 大匙
	白葡萄酒醋 (或米醋) 1/2 大匙
	橄欖油 1/2 大匙
	奶油 1/2 大匙

1. 扇貝沖洗後拭乾，一個一個以竹籤插上，3 個一串。
2. 熱平底鍋，放入橄欖油、奶油，融化後煎扇貝串，雙面煎上色即下醬油、白葡萄酒醋，搖動鍋子使醬色附著，盡速起鍋。

副菜	四季豆 100g	調味料
辣炒四季豆	大蔥 5cm	辣豆瓣醬 2 小匙
	油 2 大匙	醬油 1 小匙
	白芝麻 適量	酒 1 大匙
		糖 1 小匙

1. 大蔥切末。四季豆去蒂頭。
2. 炒鍋熱油，中火煎四季豆，煎到軟度適中，起鍋。
3. 同一鍋放入蔥末，炒香後倒回四季豆，下調味料，炒到縮汁，撒點白芝麻。

菜飯	飯、茼蒿、粗鹽、白芝麻　各適量

茼蒿洗淨，切碎，放入熱飯中拌勻，撒入粗鹽、白芝麻粒各少許調味。

常備菜 紅蘿蔔沙拉 → 125 頁

扇貝甜豆便當

○ ホタテとスナップエンドウの XO ソース炒め弁当

主菜
XO醬風味
扇貝甜豆

扇貝 100g
甜豆 100g
油 1.5 大匙
酒 1 大匙

調味料
蠔油醬 1 大匙
胡椒粉 少許
太白粉水 (水 1 大匙＋太白粉 0.5 小匙)

1. 甜豆洗淨、除蒂去絲。

2. 炒鍋放油 0.5 大匙炒甜豆，撒酒，上蓋燜 1 ～ 2 分鐘，起鍋。

3. 鍋裡再熱油 1 大匙，快炒扇貝，下蠔油醬、胡椒粉，再以太白粉水勾芡，倒入甜豆匯合。

副菜
味噌牛蒡
鴻禧菇

牛蒡 150g
鴻禧菇 100g
油 1 大匙

調味料
味噌 1 大匙
黑醋 1 大匙
酒 2 大匙
胡椒粉 少許

1. 牛蒡以刀背輕輕刮除外皮 (或以綿刷輕磨)，以削鉛筆的方式削薄。

2. 鴻禧菇去蒂頭，分成小朵。

3. 炒鍋潤油，中火炒牛蒡，等油均勻裹覆表面，下鴻禧菇炒，飄出香氣後放入味噌、黑醋、酒、胡椒粉，上蓋燜 2 分鐘，使牛蒡熟透。掀蓋，轉強火，燒到收汁。

常備菜 ｜ 甘醋紫洋蔥 → 130 頁

花枝炒西芹便當

○ いかとセロリの塩炒め弁当

主菜	花枝 1 隻
花枝炒西芹	西洋芹 1 枝
	油 1/2 大匙
	鹽 1/4 小匙
	胡椒粉 適量
	麻油 1 小匙

1. 花枝胴部切 1cm 圈狀，足部以 2 ～ 3 根一組劃開。
2. 西洋芹斜片 7mm 寬。
3. 鍋熱油，先炒花枝，轉色翻熟後再下西洋芹，撒鹽、胡椒粉調味，翻炒一下，起鍋前澆淋麻油。

副菜	青椒、甜椒 各1 ～ 2 個
青椒炒甜椒	油 1 大匙
	黑胡椒粉 少許
	酒 2 大匙
	鹽 1/4 小匙

1. 青椒、甜椒橫切成圈，約 1cm 寬。
2. 倒油入鍋，下黑胡椒粉炒出香氣，再下青椒、甜椒，撒酒，上蓋燜一分鐘，青椒、甜椒一轉熟，以鹽調味。

常備菜 ｜ 烤味噌山藥 → 149 頁

○ えびのベーコン巻き弁当

培根捲蝦便當

主菜	鮮蝦 6～8 隻
培根捲蝦	培根 3～4 片
	青江菜（菜葉）6～8 片
	油 1 小匙
	粗鹽、胡椒粉 少許

1. 蝦子剝殼、除腸泥，尾部的殼保留。以酒（分量外）清洗後拭乾水分，撒上粗鹽、胡椒粉各少許。培根切半。
2. 做培根捲蝦：蝦子 1 隻，橫放在一菜葉片上，菜葉緊扣蝦子整個捲起來，培根片做外層，再把蝦菜捲整個捲起來。
3. 熱平底鍋潤油，煎捲蝦至酥熟。

副菜	小番茄 10～12 顆
孜然小番茄櫛瓜	櫛瓜 1 條
	橄欖油 1 大匙
	大蒜 1 瓣
	孜然 1 大匙
	白酒 1 大匙
	鹽 2/3 小匙

冷藏保存 3 天

1. 小番茄剖對半。櫛瓜切成 1cm 厚，再對切成半圓形。大蒜拍碎。
2. 平底鍋倒入橄欖油，炒香孜然、蒜瓣，再放櫛瓜，煎到微微上色。
3. 轉中火，下小番茄，淋白酒，撒鹽，拌炒一下。

常備菜 | 明太子蓮藕 → 155 頁

○ えびと茄子の黒酢炒め弁当

茄子炒蝦便當

| 主菜
茄子炒蝦 | 鮮蝦 10 隻
茄子 1 條
太白粉 2 小匙
香菜 1 根
大蒜 1 瓣
油 適量 | 粗鹽、黑胡椒粉 適量
調味料
　黑醋 1 小匙
　糖 1 小匙
　醬油 1/2 大匙 |

1. 蝦子去殼，除腸泥，抓太白粉（分量外），沖水洗淨，擦乾，撒粗鹽、黑胡椒粉少許。

2. 茄子切段，再切成四等分。香菜切 2cm 長。大蒜切末。

3. 混勻調味料。

4. 蝦子裹上太白粉，入 170 度油鍋炸，轉色即撈起，茄子也過油一下。

5. 平底鍋注油 1/2 小匙，小火炒香蒜末、黑胡椒粉，再下蝦子、茄子，最後加調味料拌炒一下，熄火，撒上香菜。

| 副菜
紫蘇捲青椒 | 青椒 2 個
紫蘇 8 ～ 10 片
味噌 1 小匙
麻油 1/2 小匙 |

1. 青椒剖半，去蒂去籽，縱切成數等分。

2. 攤開紫蘇，放上青椒數片、味噌，用紫蘇包起來。

3. 平底鍋下麻油，將紫蘇捲青椒輕炒一下，起鍋。

常備菜 ｜ 檸檬白蘿蔔 → 128 頁

○ 明太子きんぴらごぼう弁当

明太子金平牛蒡便當

冷藏保存 5 天

主菜

明太子金平牛蒡

明太子 1 腹（120g）
牛蒡 1/2 條
紅蘿蔔 1 條
酒 1 大匙
淡口醬油 1/2 小匙
麻油 2 小匙

1. 牛蒡以刀背刮皮，或以清潔海綿刷磨外皮，沖洗後切絲。

2. 紅蘿蔔削皮切絲。明太子除去外膜。

3. 中火熱鍋，下麻油，炒牛蒡、紅蘿蔔，炒到牛蒡顏色通透，紅蘿蔔渾身油亮，再下酒、醬油調味，
拌勻後熄火，最後加入明太子，利用餘溫拌炒數下（喜歡較熱口感者，炒明太子數下後再熄火）。

副菜

蠔油青江菜

青江菜 1 株
櫻花蝦 半大匙
薑絲 適量
油 1/2 大匙

調味料

酒 1 大匙
蠔油醬 1 小匙
黑胡椒粉 少許

1. 洗淨青江菜，把葉與莖切開。葉片保持原狀，莖縱剖成八等分，長度再切半。

2. 中火熱鍋，潤油，放入櫻花蝦、薑絲、菜莖，撒酒，上蓋燜一分鐘，掀蓋後下蠔油醬，投入菜葉，
撒入黑胡椒粉，起鍋。

常備菜 | 味噌茄子 → 148 頁

〈西京漬〉

　　清瑩素淨的生魚片，角邊沾一點醬油哇沙米（わさび 山葵芥末），冰冰涼涼吃下肚，那甜潤帶著微嗆的收尾啊，真是人間美味！品嘗活魚的極致之美，實在難以超越現捕現吃的生魚片。在今天，啖生魚片不難，但在冷凍技術尚未普遍的古早，就不容易了。嘗不到生鮮活魚，如何力保風味，延緩腐壞，島國子民有他的一套。自古以來，他們便懂得善用醃漬，據說以味噌、米麴等發酵食品醃漬食材的手法在平安時代（西元八世紀）業已傳開，容易腐腥的活魚尤其需要醃漬保存，以安全供輸到離海較遠的地區。食魚之所以能普及，成為和食文化的靈魂，都是靠它推波助瀾的。

　　一般日本家庭的瓦斯爐都附有烤箱，小小的烤箱抽屜，埋在爐中央，寬約 25 公分，深長不到 40 公分，其火源分成上下兩面及單面兩種，它空間小傳熱快，急遽升高的溫度能把魚烤得又快又豔，只要拉開，按下鍵，無須預熱，非常方便。可見烤魚吃魚的習慣早已根深蒂固，成了和食文化的核心。婆婆教我的第一道菜，就是烤醬漬鰤魚，醬油與酒的比例是二比八，醬料最好淹過魚片，不時翻面使之入味，起碼醃一個晚上。醃過的魚一烤，焦酥醬香纏著魚脂，在烤箱裡嗶嗶啪啪，吱吱作響。黃昏時走在路上，熟悉的烤魚香總是隨風四竄。

　　除了醃酒及醬油，只要鮮度夠，撒鹽醃 15 分鐘送烤，簡單的鹽烤，風味絕佳。市售魚排一片約 100g，抓一小撮鹽（大約 2/5 小匙，占魚重量的 2% 左右）撒抹表面，醃至少 15 分鐘入味。拭去魚身沁出的水分，烤 10 分鐘，時間拿捏以它的大小厚薄為準，烤得皮酥肉瑩，鹹香潤腴。

　　別忘了在調理或醃漬之前，為魚去腥，這是一大關鍵。帶腥的魚，施展任何妙法都難以回春。經驗老到的魚販教我們一招，直接把魚沖水三秒鐘，拭乾後再料理。更細心的做法是，撒少量的鹽（或糖）在表面，透過滲透壓的作用釋出水分，把魚腥的元兇「三甲胺」逼出來，以達到去腥效果。

　　眾所周知的鹽漬及醬漬之外，混合了醬油、酒、味醂、青柚（或檸檬）的「幽庵漬」（→ 76 頁），更是廣受青睞，舉凡鮭魚、鰆魚、鰤魚、鱈魚、白帶魚、旗魚、鯖魚、金目鯛等魚類，皆適合「幽庵漬」，添了青柚（或檸檬）的清香，魚吃起來

顯得更加軟溶甘腴，幽香含蓄。同樣適合醃漬各種魚的「西京漬」(→74頁)，用的是西京味噌。這種發祥於關西古都京都的西京味噌，滋味甜潤，鹽分低於5%，比一般味噌介於10%～12%的含鹽成分低得多，卻擁有完美防腐防腥之效。由於它的製造工程費時又費工，在平安時代，西京味噌僅在貴族及僧侶之間流通，是一般市井小民無緣享用的奢侈品。經過漫長年月，直到室町時代中期(十四世紀)之後，才逐漸普及。西京味噌不僅可用來醃魚、醃肉，連醃菜都甘醇可口。發酵後的西京味噌由於米麴含量豐富，促進不飽和胺基酸活化，導引出食物的鮮味(うまみ UMAMI)。

家裡若無西京味噌，可用白味噌代替，不過要選用質地綿細、鹽分偏低(約為6~7%)的白味噌來做西京漬。

西京漬的傳統作法，是把包裹著紗布的魚放入味噌鋪成「味噌床」，其上再覆蓋一層，使魚完全埋入味噌，起碼要耗用300ml～400ml的量。味噌床可以重複使用，說不上是浪費，但我無意重複，三條鱈魚只用了三大匙白味噌、半大匙酒、一大匙味醂加以調拌，直接刷抹魚身，表面裹一層保鮮膜，裝入容器冷藏，醃兩天以上。如此製法足以入味，用量又省，更加簡單。

這樣烤出來的西京漬鱈魚，凝脂軟豔，皮脆肉滑，那甜滋噴香不禁讓我想起了名古屋老店「鈴波」嘗到的味醂粕漬烤魚。「鈴波」食堂的火候掌握巧妙，把魚烤得晶白瑩豔，捲縮起來的邊角帶著味醂粕漬催逼逼出甘膩赤褐，甜嫩深邃。烤魚時，要留神火候。輕拭魚表面上的味噌之後，以中火烤，勿烤焦，瀕臨焦黑前覆蓋上一張鋁箔紙，烤得它肉腴皮酥，要焦不焦，訣竅是，烤前別忘了塗一層味醂。

召しませ…

飯類

○ えびと菜の花のお寿司弁当

蝦仁油菜花壽司飯便當

主食	壽司飯 蝦仁油菜花	油菜花 200g	壽司醋
		蝦 5 隻	米醋 2 大匙
		鹽 少許	鹽 1 小匙
		米 2 米杯（360ml）	糖 2 大匙
		水 288ml	白芝麻 少許

1. 做壽司飯時，水量最好比一般煮飯時少兩成。譬如煮 2 米杯 (360ml) 的米，用 0.8 倍 (約 288ml) 的水，煮出略硬口感的飯，加上壽司醋，就變得軟硬適中。

2. 飯煮好，趁熱拌入壽司醋，以切飯的方式拌勻，蓋上濕布，常溫放涼。

3. 蝦子連殼放入滾開的鹽水中汆燙，濾網瀝乾後剝殼，取出腸泥，切成粗丁。

4. 煮一鍋熱水汆燙油菜花，沖涼、擰乾。將莖與葉蕾分開，莖切薄，葉蕾切段。

5. 飯盒盛入壽司飯，上面撒佈油菜花與蝦仁，撒點白芝麻，清爽春味，淡雅芬芳。

副菜	炒玉米筍	玉米筍 5 根
		奶油 1/2 大匙
		蠔油醬 1/2 大匙

熱平底鍋下奶油，炒玉米筍，以蠔油醬調味。

副菜	串燒扇貝	做法見 85 頁

常備菜　薑泥小番茄 → 134 頁

櫻花毛豆飯團便當

○ 枝豆と塩漬け桜おにぎり弁当

主食	飯 5～6 碗
櫻花毛豆飯團	鹽 適量
	毛豆仁（水煮毛豆，去皮） 約 5 大匙
	鹽漬櫻花（市售包） 數朵

1. 鹽漬櫻花先泡水，去除部分鹽分。花瓣遇水膨脹潤濕，請輕柔地擦乾。
2. 白飯照一般程序煮熟，舀入缽裡，再撒入毛豆仁、粗鹽，撥勻拌鬆。
3. 把飯概分五～六等分 (若對分量沒把握，把飯盛入飯碗，一碗捏一個)，捏塑形狀，每個飯團上點綴鹽漬櫻花 1 朵。

副菜	蓮藕、糯米椒 數個
炸蓮藕糯米椒	粗鹽 少許
	油 適量

1. 蓮藕削皮切薄片。糯米椒輕刺一刀，以免迸裂噴油。
2. 平底鍋注入 1cm 高的油量，轉中～強火，油溫升至 180 度左右，放入蓮藕、糯米椒油炸，轉瞬即熟，撈起瀝油，撒上粗鹽。

常備菜 | 糖醋丸子 → 159 頁

○ 明太子マヨおにぎり

明太子飯團

口
味

明太子飯團

飯 2 ～ 3 碗
明太子 1/2 腹（約 60g）
美乃滋 1 大匙
紫蘇 適量

1.明太子除去外膜，與美乃滋攪拌均勻。
2.飯分成四等分，捏捏成圓形，中間按下一個凹洞，埋入明太子。紫蘇沿著飯團周圍包起來，
張數視飯團大小而定。這次飯團各用 3 片紫蘇，亦可用海苔來包。

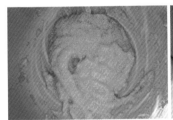 

鮭魚明太子飯團

○ 塩鮭と明太子の炊き込みご飯／おにぎり

口味

鮭魚明太子飯

米 2 米杯
水 2 杯
鹽漬鮭魚 1 副
明太子 1/2 腹（約 60g）
酒 1 大匙

1. 鹽漬鮭魚的雙面淋上酒。
2. 土鍋放入米、水，浸泡 20-30 分鐘，使米粒圓鼓轉白之後，再放鹽漬鮭魚、明太子，蓋上鍋蓋，以強火煮到沸騰，轉小火，續煮 10 ～ 12 分鐘，燜 10 分鐘。若用電子鍋，米、水、鹽漬鮭魚和明太子一同放入內鍋，按上煮飯按鈕即可。
3. 煮好飯，取出鮭魚，挑除魚刺、魚皮再倒回鍋，與明太子一起攪拌。食用時隨喜好拌入海苔 (分量外)，或包成飯團。

常備菜 ｜ 明太子四季豆 → 156 頁

梅子飯團

○ 梅ご飯おむすび

口味

梅子飯團

米 2 米杯
水 2 杯
梅子乾 2 ～ 3 顆
海苔 適量

1. 照一般程序煮飯，米泡水之後，放入梅子一起炊煮。
2. 飯煮好，燜 10 分鐘，掀蓋，梅子取出，除籽後剁碎，再倒入鍋，與飯拌勻。
3. 捏握成三角飯團，用海苔包起來。梅子清香，且不易腐壞，最宜暑熱時外帶。

註：煮飯有各種的鍋具，炊出各異其趣的口感，可依自己所好選用。無論是土鍋(陶鍋)、鑄鐵鍋、無水鍋、琺瑯鍋、電子鍋等，只要掌握水量及浸泡原則，都可煮出甘香飽滿的米飯。
除電子鍋外，土鍋、無水鍋、鑄鐵鍋、琺瑯鍋等煮飯的方式大致是相同的，水：米的比例大約是 1：1.1。把米倒入鍋，注入 1.1 倍的水浸泡約 20 ～ 30 分鐘 (天熱時泡 20 分鐘，天冷時浸 30 分鐘)。當米粒充分吸水，由透明轉為圓鼓潤白時，再蓋上鍋蓋，以中～強火煮到沸騰，見到鍋緣冒出煙，立即轉小火續煮 10 分鐘。熄火，燜 10 分鐘，掀蓋，上下翻撥一下。

牛蒡雞肉飯糰

○ 鶏ごぼうおむすび

| 口味 **牛蒡雞肉飯團** | 米 2 米杯
水 2 杯
雞肉 (雞腿、雞胸皆宜)
250g ～ 300g
牛蒡 1 條 (約 220g)
舞菇 100g
薑 1 塊 | 調味料
　酒 2 大匙
　醬油 4 大匙
　糖 1 大匙 |

1. 照一般程序煮飯。

2. 雞肉去皮 (保留)，雞肉切成 1.5cm 丁塊。牛蒡切絲。舞菇用手撕成小瓣。薑磨泥。

3. 雞皮入鍋煎出油脂後取出，下雞丁、牛蒡、舞菇炒，待肉轉色，放入酒、醬油、糖、薑泥，煮到縮汁八分。

4. 雞肉牛蒡倒入飯鍋，混勻後，握成三角形飯團。

○ 桜えびとししとうの炒めご飯弁当

櫻花蝦糯米椒炒飯便當

主食 櫻花蝦糯米椒炒飯	飯 3 碗左右	大蔥 1/4 根
	櫻花蝦 15g	鹽、胡椒粉 適量
	糯米椒 10 條	醬油 1/2 大匙
	白麻油 1.5 大匙	

1. 糯米椒去蒂頭,以指甲戳開,掏出種籽,切成圈狀。大蔥切丁。

2. 平底鍋熱麻油,炒蔥丁,蔥香一出,放入白飯炒到米粒油亮。加糯米椒及櫻花蝦,撒入鹽、胡椒粉,翻勻。起鍋前,沿鍋緣淋下醬油,拌炒上色,散發焦香。

副菜 紅蘿蔔小松菜拌	小松菜 2 株 (約 140g)
	紅蘿蔔 5cm
	芝麻醬 2 小匙
	醬油 1 小匙
	糖 1/2 小匙

1. 紅蘿蔔薄切圓片,再對切成半,與小松菜一起放入加鹽的滾水中,燙熟,撈起,放涼,小松菜切成 3 ～ 4cm 長。

2. 大缽放入芝麻醬、醬油、糖,攪勻後與小松菜、紅蘿蔔混合。

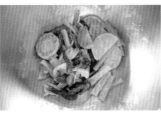

常備菜 │ 芝麻牛肉絲 → 161 頁、錦絲蛋 → 164 頁

培根茼蒿炒飯便當

○ ベーコンと春菊の炒めご飯弁当

主食	飯 2 ～ 3 碗
培根茼蒿炒飯	培根 50g
	茼蒿 30g
	醬油 1 大匙
	粗鹽、黑胡椒粉 各適量
	白麻油 1.5 大匙

1. 培根切成 5mm 寬。茼蒿的莖部切成 2cm 長，菜葉切成 4cm 長。

2. 熱鍋，下麻油煎培根，煎到微焦香酥，加飯翻炒，炒到米粒鬆酥油亮，淋醬油，沿鍋緣四周淋下，散發焦香，撒粗鹽、黑胡椒粉補足氣味，最後放入菜葉，拌一拌。

副菜	南瓜 240g
南瓜炒糯米椒	糯米椒 8 條
	粗鹽 1/3 小匙
	黑胡椒粉 少許
	油 1 大匙

冷藏保存 5 天

1. 南瓜送入微波爐加熱 4 ～ 5 分鐘，讓它稍微軟化以便削皮去籽，切成小塊。

2. 熱鍋潤油炒南瓜，撒粗鹽，轉小火，蓋上鍋蓋燜 4 ～ 5 分鐘。

3. 下糯米椒再燜 1 ～ 2 分鐘，掀蓋，撒入黑胡椒粉。

常備菜 ｜ 炒蒟蒻 → 154 頁

咖哩炒飯便當

○ カレーひき肉の炒めご飯弁当

主食	飯 2 ～ 3 碗	玉米粒 (罐頭) 2 ～ 3 大匙
咖哩炒飯	茄子 1 條	油 1 ～ 2 大匙
	洋蔥 半顆	咖哩粉 2 ～ 3 小匙
	青椒 1 ～ 2 個	番茄醬、蠔油醬 各 1 大匙
	蛋 2 顆	粗鹽、黑胡椒粉 各少許
	絞肉 (牛豬皆宜) 100g	

1. 洋蔥、茄子、青椒皆切成 1cm 粗丁。

2. 先煎荷包蛋。把荷包蛋煎到半熟，撒上粗鹽、黑胡椒粉各少許，起鍋。

3. 熱鍋潤油，先炒洋蔥丁，待蔥丁炒到透明，下絞肉，炒至酥酥鬆鬆的狀態，再放入茄子。茄子炒到半熟，加玉米粒、咖哩粉，待咖哩香一出，倒入飯，淋番茄醬、蠔油醬拌炒。飯粒著色均勻後，投入青椒丁，翻炒數下，撒點黑胡椒粉添香。

4. 把半熟荷包蛋覆在咖哩炒飯上。

副菜	高麗菜 1/8 顆	
紫蘇高麗菜沙拉	紫蘇 4 ～ 5 片	冷藏保存 3 天
	醬料	
	橄欖油 1 大匙	
	白葡萄酒醋（或白醋） 1/2 大匙	
	鹽 少許	

1. 煮一鍋水，放入鹽少許，汆燙高麗菜。當菜葉轉為豔綠，立即撈起，擰乾。

2. 高麗菜切成 3cm 長，紫蘇撕片，與調勻的醬料拌合。

常備菜 │ 梅煮小黃瓜 → 142 頁

○ 四色そぼろ丼弁当

四色鬆便當

<table>
<tr><td>雞
肉
鬆</td><td>雞腿絞肉 250g
薑泥 1 大匙
醬料
　酒 3 大匙
　醬油、味醂 各 2 大匙
　糖 1.5 大匙</td><td>冷藏保存 5 天</td></tr>
</table>

1. 醬料注入小鍋，以強火煮滾，放入絞肉，轉中火，用筷子急速攪拌，若有浮沫請撈除。
2. 煮到收汁八分，刷薑泥入鍋，立即熄火。

| 蛋
鬆 | 雞蛋 2 顆
麻油 少許 | 調味料
　糖 1/2 大匙
　鹽 1 小撮 |

1. 缽裡打 2 顆蛋，加入調味料，拌勻。
2. 麻油注入小鍋，開火燒熱，蛋液一口氣入鍋，用 4 至 5 根筷子快速攪動，不時提鍋離火，以保持蛋濕潤半熟的狀態。見蛋液快凝固時即熄火，並持續不斷攪動，直到蛋碎如鬆。使用附把手的小鍋子會更順手，如牛奶鍋。

| 清
炒
青
椒 | 青椒 2～3 個
油 1/2 大匙
鹽、黑胡椒粉 少許 |

1. 青椒去蒂，切成圈狀。
2. 熱鍋潤油，炒青椒至熟，撒鹽、黑胡椒粉調味。

常備菜 ｜ 紅蘿蔔炒明太子 → 126 頁、甘醋紫洋蔥 → 130 頁

〈四色鬆便當〉

　　二樓教室開放成臨時的休憩室，桌椅統統移到了後面的牆角邊。找到一個空地，我攤開蓆子，環顧四周，怕孩子看不到自己，於是脫下鞋子，跪起來，等那個戴紅帽穿白色體育服的小學生，朝我奔過來。剛剛結束了上午的賽程，家長和學生全都湧進來，紛紛席地而坐，準備開始吃便當。運動會讓人肚子好餓，大人們聲嘶力竭拚命喊加油、加油，孩子們跑得滿臉通紅，渾身灰土。掏出袋子裡的便當，布巾鬆綁，我拍拍小兒子的肩膀，等他緩氣：「來，開動囉。」周圍鬧哄哄的，熱氣蒸騰，我們低著頭，只顧著掀開手上的飯盒。是四色鬆便當呵！筷子默默送上第一口，就沒有停下來，直到盒底朝天，才抬起頭來，喝一口水，笑了出來。

　　除了參加學校運動會，跟孩子擠在一張蓆子吃飯外，嘗自己做的便當機會並不多。甚麼菜不怕擱到過午，哪種菜變冷了惹人皺眉，得親自嘗了才明白。這盒鋪著醬色雞肉鬆、鵝黃色蛋鬆、翠綠蔬菜、紅蘿蔔炒明太子，撒著幾片甘醋紫洋蔥的四色鬆，是我們最熟悉不過的便當，有時被拎著到外地去參加桌球、田徑賽，有時跟著搭車遠赴廣島奈良校外旅行，轟隆隆的引擎聲中，大夥兒在晃動的巴士座位上邊吃邊搖啊，好不熱鬧。

　　一見到冰箱裡有雞腿絞肉，便做起四色鬆，像似一種反射動作。

　　點火，醬料注鍋，煮滾，投進絞肉，筷子飛速地攪動，等肉末漸漸鬆開，從粉紅轉為乳白，煮凝成醬褐色時，再拿一塊薑磨泥，連同刷板上一條條淡黃色纖維也撇入鍋，薑香一出，立即熄火，前後十分鐘。在此同時，隔壁爐也點了火，熱一支牛奶鍋，淋入一匙麻油。鉢裡打了兩顆蛋，加糖和鹽。蛋一口氣注入牛奶鍋，四根筷子不斷地在鍋內畫圈、攪動，不到一分鐘，細柔鬆軟的蛋鬆好了，砧板上的蔬菜已準備就緒，等著鍋子再上爐。

我喜歡雞腿絞肉。它纖柔色白，質地柔軟，除了做雞肉鬆，把它揉成一顆顆丸子，炸也好、煎也香。加入蛋液、豆腐或味噌，攪拌調勻送入烤箱，烤成方方正正的松風燒，就是一道傳統的日本年菜，溫潤討喜。把南瓜、里芋、小芋頭、白蘿蔔等根莖類蔬菜削皮切塊，一起煮成蔬菜肉丁，冷了也軟綿可口。比起牛、豬絞肉，它熱量低、脂肪少，嫩雞又比老雞的卡路里更低，只要除筋去皮，動手把雞腿或雞胸肉剁碎即可。近年見到台灣也開始販售雞絞肉了，不必親自手剁，方便多了。加點薑汁、蔥末，就能消彌它特有的腥氣，用洋蔥泥也可以。

　　丈夫生日那天沒特別準備甚麼禮物，只起了大早，為他帶這個便當。也許學校的食堂早吃膩了，中午他傳來一則 Line：「是我最愛的四色鬆！」飯盒擺在電腦前，被掀開的四色鬆便當端端正正的，等著壽星動筷。他滿心歡喜的模樣，不難想像。

　　第一次獨自一人長途跋涉上山，也是攜著這盒四色鬆。

　　捧著便當，坐在傾倒在地的老樹幹上，滿山遍野的櫻花被風吹得咧開嘴，有時往上仰，有時前後搖晃，粉粉灰灰的，整座山一下子膨脹起來，一副想要笑卻拚命忍著的樣子。鶯飛草長的野外、筋疲力竭的途中、緊張比賽的空檔、百無聊賴的悶熱午後、暗自神傷的無助時刻，我們低頭嘗它，依賴著它，沒有哪一個便當能帶給我們更多的安全感。無可取代的四色鬆，我想，往後也會不禁反覆做它，反覆品嘗，一如以往。

召しませ…

● 常備菜集

橙香紅蘿蔔

○ にんじんラペ

冷藏保存 4 天

材料

紅蘿蔔 1 條
香菜 適量
粗鹽 適量
糖 1.5 大匙
柳橙汁 2 大匙

1. 紅蘿蔔用削皮器削成條狀。香菜摘取菜葉。
2. 缽裡放入紅蘿蔔、香菜，鹽抓適量，再加入糖、柳橙汁，浸漬至少 10 分鐘。
3. 入飯盒前，先擰一下水分。

紅蘿蔔沙拉

○ にんじんサラダ

冷藏保存 5 天

材料	紅蘿蔔 1 條
	粗鹽 1/2 小匙
	醃料
	白葡萄酒醋（或白醋）1 大匙
	楓糖 1 大匙

1. 紅蘿蔔去皮，切絲揉鹽，靜置 10 分鐘，擰乾水分。
2. 楓糖與醋充分調勻後，與紅蘿蔔絲拌合。

紅蘿蔔炒明太子

○ にんじん明太子

冷藏保存 5 天

材料

紅蘿蔔 1 條
明太子 1/2 腹 * (60g)
麻油 1 大匙
調味料
酒、水 各 1 大匙
淡口醬油、味醂 各 1/2 小匙

1. 紅蘿蔔去皮，切成絲。

2. 明太子縱剖一刀，從膜中取出魚卵。

3. 熱鍋潤油，中火翻炒紅蘿蔔絲數下，加入酒和水，蓋上鍋蓋，轉小火，燜 2 ～ 3 分鐘。掀蓋，下淡口醬油、味醂、明太子，炒鬆拌勻，熄火。

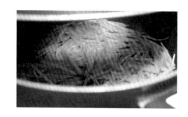

*明太子以「腹」為單位，一腹是一對。一條明太子即為「半腹」，其大小尺寸不一，味道鹹辣，料理時，依用量斟酌調味，要嘗一下。

煨香菇紅蘿蔔

○ 椎茸と人参の煮物

冷藏保存 5 天，冷凍保存 1 個月

材料	
	乾香菇 5 朵
	紅蘿蔔 1 條
	醬油、味醂、糖 各 2 大匙
	水（泡香菇水） 200ml

1. 乾香菇洗一下，泡水使之膨軟。

2. 紅蘿蔔去蒂削皮，切成 1cm 厚片。

3. 鍋子注入泡香菇的水（200ml）、醬油、味醂、糖，煮滾後放入香菇、紅蘿蔔，中火煮沸，撈出浮沫，轉小火，蓋上蓋子續煮 15 分鐘。

4. 掀開鍋蓋，再煮 5 分鐘，待收汁八成即可熄火，置涼。這道菜甘甜樸實，是日本傳統年菜之一。紅蘿蔔以型模塑形，剩餘的邊緣可用來煮湯。

檸檬白蘿蔔

○ 大根のレモン漬け

冷藏保存 1 週

材料	白蘿蔔 10cm
	粗鹽 1/2 小匙
	醃料
	檸檬 1/2 顆
	白葡萄酒醋（或白醋） 1 大匙
	糖 1 小匙

1. 白蘿蔔去皮，切 2mm 薄片，再對切成半圓形，撒鹽，醃漬 10 分鐘。
2. 半顆檸檬擠汁。
3. 將檸檬汁、醋、糖混勻，加入白蘿蔔拌合，放入容器冷藏。

酪梨紫洋蔥沙拉

○ アボカドと紫玉ねぎのサラダ

冷藏保存 3 天

材料	酪梨 1 顆
	紫洋蔥 1/3 顆
	檸檬汁 1～2 大匙
	芥末醬粒 1～2 大匙

1. 紫洋蔥切絲（切丁亦佳），浸水 5 分鐘除去辛嗆，擰乾水分。
2. 酪梨剖半、去籽，挖出果肉，切 1.5cm 方塊，淋檸檬汁防變色，亦清新芬芳。
3. 將芥末醬粒與紫洋蔥、酪梨充分拌勻。

甘醋紫洋蔥

○ 紫玉ねぎの甘酢漬け

冷藏保存 3 週

材料	紫洋蔥 1/4 顆
	醃料
	白葡萄酒醋 (或白醋) 1 大匙
	楓糖 1 大匙

1. 醋與糖調勻作醃料。

2. 紫洋蔥去皮切絲，浸在醃料至少 3 小時 (浸一晚尤佳)，當紫洋蔥轉為紫紅時，即可食用。

小番茄炒紫洋蔥

○ ミニトマトと紫玉ねぎの炒め

（ 冷藏保存 2 天 ）

材料	紫洋蔥 1/2 顆
	小番茄 6 顆
	粗鹽、糖 各1/2 小匙
	油 1/2 大匙

1. 紫洋蔥順著纖維方向切成細條。
2. 熱鍋潤油，洋蔥和小番茄一起下，炒到適當軟熟，撒鹽、糖調味。

茗荷紫洋蔥

○ 茗荷と紫玉ねぎの甘酢漬け

冷藏保存 4 天

材料	茗荷 3 ～ 4 個
	紫洋蔥 1/4 顆
	醃料
	白葡萄油醋 2 大匙
	楓糖 1 大匙

1. 茗荷入滾水氽燙 10 ～ 15 秒，撈起。將洋蔥切成 1cm 薄片。
2. 醋、糖倒入容器，浸漬茗荷、紫洋蔥。

茗荷小番茄

○ 茗荷とミニトマトの甘酢漬け

冷藏保存 4 天

材料	小番茄 10 顆	醃料
	茗荷　6 個	白葡萄酒醋（或白醋）、水　各 100ml
	粗鹽 1 小撮	楓糖 1 大匙

1. 小番茄投入滾水燙 2～3 秒，表皮一迸裂即熄火撈起，一顆顆去皮。
2. 茗荷對半縱剖，放入同鍋熱水氽燙一下，撈起，撒鹽 1 小撮，去生。
3. 將醃料倒入缽內攪拌，糖融化後，加入小番茄及茗荷，浸漬 30 分鐘以上。

薑泥小番茄

○ ミニトマトの生姜漬け

冷藏保存 4 天

材料	小番茄 10 顆
	醃料
	薑泥 1/2 小匙
	醋 1 大匙
	楓糖 1 大匙
	粗鹽 少許

1. 小番茄投入滾水中，約 3 秒，見到外皮迸裂即熄火，撈起後去皮。
2. 把醃料放入缽中調勻，再與小番茄拌合。

蘆筍拌芝麻醬

○ アスパラガスのマヨネーズからめ

（ 冷藏保存 2 天 ）

材料	蘆筍 100g
	美乃滋 3 大匙
	芝麻醬 3 大匙

1. 削去蘆筍莖部的硬外皮，切成等長兩半，入滾水中燙熟，撈起，瀝乾。
2. 把美乃滋和芝麻醬調勻，與蘆筍拌合。

高麗菜拌辣豆瓣醬

○ キャベツの豆板醬あえ

冷藏保存 3 天

材料	高麗菜 1/8 顆
	醬料
	辣豆瓣醬、糖 各 1/2 小匙
	醬油、麻油 各 1 大匙

1. 煮滾一鍋水，放入鹽少許，將 1/8 顆高麗菜放入，待菜色燙到青綠轉豔即撈起，沖冷水以固定色澤，撐乾。充分撐乾才適宜保存。在葉片之間夾入廚紙巾吸水，放入容器冷藏。

2. 調勻醬料。

3. 高麗菜切成 3cm 大小，與醬料拌勻。

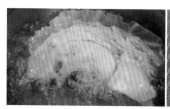

鳳梨泡菜

○ パイナップルとキャベツの漬物

冷藏保存 1 週

材料 │ 鳳梨 1/3 顆　　　　醃料
　　　 高麗菜 1/2 顆　　　白醋 4 大匙
　　　 紅蘿蔔 1/4 條　　　糖 4 大匙
　　　 鹽 1 大匙

1. 紅蘿蔔削皮切薄片，高麗菜手撕成片，一起放入缽中，撒鹽 1 大匙使之軟化，蓋上一張盤子壓住。
半小時後，倒掉釋出的水分，將食材沖一下水、撐乾，藉以去生、除澀。
2. 鳳梨削皮，切成小片。
3. 調勻醃料，醃漬紅蘿蔔、鳳梨、高麗菜至少 6 小時，使之入味。

香草炒甜椒

○ パプリカのハーブ炒め

冷藏保存 4 天

材料	甜椒 4 個	橄欖油 2 大匙
	大蒜 1 瓣	白葡萄酒醋 1 小匙
	百里香或迷迭香等香草 少許	粗鹽、黑胡椒粉 各少許

1. 甜椒去蒂頭、種籽，切滾刀狀。蒜切末。
2. 平底鍋熱橄欖油，以弱火慢煎甜椒約 10 分鐘，讓它釋出甘甜，小心別煎焦。
3. 下蒜末及香草炒香，以白葡萄酒醋、粗鹽、黑胡椒粉調味。

海
苔
炒
甜
椒

○ パプリカののり炒め

冷藏保存 3 天

材料	甜椒 1 個
	海苔 數片
	麻油 1 大匙
	粗鹽、糖 各少許
	醬油 1 大匙

1.甜椒對半縱剖，去蒂頭和籽，切成長細條。

2.熱平底鍋，不放油，放入甜椒，轉小火，別急著翻動，等甜椒脫去水分，再撒入麻油，下鹽、糖、醬油一起翻炒，最後把海苔撕小片，拌一拌。

·海苔潮香凝結了麻油醬油，簡單一盤炒菜，風味獨具。除了甜椒之外，白蘿蔔、紅蘿蔔、苦瓜、綠花椰、蘆筍、四季豆、秋葵、蒟蒻也適合炒海苔。

烤青椒甜椒

○ ピーマンとパプリカのロースト

冷藏保存 1 週

材料	青椒 4 個
	紅、黃甜椒 各半個
	醃料
	醬油、味醂 各 1 大匙
	白醋 1/2 大匙

1.青椒側邊刺一刀，以免烤時爆裂。黃紅甜椒與青椒一併送入烤箱烤大約 10 分鐘，烤到皮表微焦，椒身軟化。

2.醃料放入容器調勻。烤後趁熱把熟椒泡入醃料中，冷卻後放入冰箱冷藏。

○ しめじの梅和え

梅香鴻禧菇

冷藏保存 1 週

材料	鴻禧菇 100g
	鹽 適量
	梅子乾 1 顆
	橄欖油 1 小匙

1. 煮一鍋水，氽燙鴻禧菇，一熟即撈起，瀝乾後，撒入鹽適量。
2. 梅子乾去籽，剁成泥，與橄欖油混勻後，加入鴻禧菇拌合。

梅煮小黃瓜

○ きゅうりの梅煮

冷藏保存 1 週

材料	小黃瓜 4 條 昆布 (6×18cm) 1 張	醬料 梅子乾 2 ～ 3 顆 醬油 2 大匙 糖 1 大匙 水 200ml

1. 小黃瓜以縱向等距刨皮，刨出綠白條紋狀，再切成 4cm 長段。
2. 昆布表面微沾水，切成寬 2cm 的昆布片。
3. 鍋內放入醬料、小黃瓜、昆布，中火煮滾，若有浮沫請撈除，蓋上鍋蓋轉小火煮 15 分鐘。
4. 放涼後裝入容器冷藏。

・這道近似福神漬風味（福神漬是七種蔬菜漬成的醃醬菜，甜甜鹹鹹的，常與咖哩飯搭配食用。）的水潤梅香小黃瓜，與咖哩口味的炒飯是絕配。

辣拌鵪鶉蛋小黃瓜

○ きゅうりとうずら卵のごまラー油和え

冷藏保存 1 週

材料

小黃瓜 2 條
鵪鶉蛋 10 顆
白芝麻粉 2 小匙
香辣醬（或辣油） 少許
糖 少許

1. 小黃瓜切成薄片，泡鹽水（水 1 杯、鹽 1 小匙）。10 分鐘後，取出撈乾。
2. 缽內放入小黃瓜、鵪鶉蛋、白芝麻粉，添入香辣醬（或辣油）、糖各少許一起拌合。

咖哩醬油漬鵪鶉蛋牛蒡

○ 牛蒡とうずら卵のカレー醤油漬け

(冷藏保存 1 週)

材料	牛蒡 1 根（200g）	醬料
	鵪鶉蛋 6 ～ 10 顆	醬油 3 大匙
		糖 2 大匙
		咖哩粉、麻油 各 1 小匙
		水 100ml

1. 牛蒡輕輕刷除外皮，再切成3cm段，較粗者再對切成半。

2. 煮一鍋水，燙熟牛蒡，約 7 ～ 8 分鐘。

3. 小鍋注入醬料，煮滾後熄火，牛蒡及鵪鶉蛋放入浸泡，冷卻後移至容器冷藏。

醬油奶香南瓜

○ かぼちゃのバター醬油和え

冷藏保存 5 天

材料	南瓜 250g
	奶油 20g
	醬油 1/2 大匙

1. 南瓜蒸 10 分鐘（或送入微波爐加熱至熟），切成小塊。
2. 趁熱與奶油、醬油拌勻。南瓜冷卻後依舊香醇軟綿，最宜帶便當。

金酥南瓜

○ 揚げかぼちゃ

冷藏保存 5 天

材料	
南瓜 100g	調味料
柴魚片 1 包 (2.5g)	糖 1 小匙
油 適量	醬油 1/2 大匙
	味醂 1/2 大匙

1. 南瓜放入微波爐加熱（600w 約 3 分鐘）使之軟化，切成一口大小，拭乾水分。

2. 拌勻調味料。

3. 熱鍋注油，約能泡南瓜 1/3 高度的量即可，轉中火炸南瓜至酥黃，趁熱與調味料拌勻，撒上柴魚片。

芥末馬鈴薯沙拉

○ ポテトサラダのマスタード和え

冷藏保存 5 天

材料	馬鈴薯 4 個（400g）	芥末醬粒 3 大匙
	大蒜 1～2 瓣	美乃滋 3 大匙
	巴西里（切末） 2 大匙	

1. 馬鈴薯去皮，切滾刀。大蒜切片。

2. 馬鈴薯與大蒜一起入鍋，倒入淹過食材的水量，中火煮滾後轉小火，煮 10 分鐘使之鬆軟。

3. 撈起馬鈴薯，趁熱壓成泥，加巴西里末、芥末醬粒、美乃滋拌勻。這道微嗆帶辣的馬鈴薯沙拉，不僅帶便當好，也是絕佳的下酒小菜。

味噌茄子

○ 茄子の味噌炒め

冷藏保存 4 天

材料	
	茄子 1 條
	麻油 2 小匙
	調味料
	味噌 1/2 小匙
	味醂 (或酒) 1 小匙
	糖 1/4 小匙

1. 茄子切小滾刀。

2. 拌勻調味料。

3. 熱平底鍋，下麻油煎茄子，轉中～小火，蓋鍋蓋燜 1 分鐘，掀蓋再翻面煎到熟透，別太翻動。倒調味料入鍋裏纏茄子。

烤味噌山藥

○ 長芋の田楽風素焼き

冷藏保存 5 天

材料	山藥 300g
	大蔥 1/4 根（約 35g）
	味噌 2 大匙
	味醂 1 大匙

1. 山藥削皮，切成厚 1cm 圓片，送入烤箱烤 10 分鐘，烤到表面乾熟。

2. 大蔥切碎，與味噌、味醂攪拌後，鋪在山藥上，送入烤箱烤 10 分鐘。

○ 油揚げ巻き

油豆腐皮捲

冷藏保存 1 週

材料	油豆腐皮 3 張
	醬料
	昆布高湯 120ml
	淡口醬油、味醂 各 1.5 大匙
	糖 1/2 大匙

1. 把油豆腐皮一張張捲好，每一捲以 3～4 根牙籤插穿，固定。
2. 醬料注入鍋中，放入油豆腐皮捲，蓋上鍋蓋煮 3 分鐘，熄火，直接放涼入味，不取出。
3. 冷卻後切成三～四等分，再抽除牙籤，才不易散開。

四季豆煮油豆腐

○ インゲンと油揚げのみそ煮

冷藏保存 1 週

材料

油豆腐 200g
四季豆 15 根
油 1 小匙

調味料
味噌 2.5 大匙
酒 1 大匙
醬油 1 小匙

1. 將四季豆放入沸騰的鹽水中汆燙，呈豔綠轉熟即撈起，切成適當長度。油豆腐切成 1 公分寬。
2. 平底鍋放油 1 小匙，將油豆腐煎至表面上色後放入四季豆，下調味料，燒到收汁。

漬秋葵四季豆

○ インゲンとオクラの浅漬け

冷藏保存 5 天

材料	秋葵 10 條	醃料
	四季豆 15 條	昆布高湯 500ml
	粗鹽 少許	淡口醬油、味醂 各 2 大匙

1. 醃料注入小鍋煮滾，沸騰後熄火，冷卻後倒入容器中。
2. 秋葵去蒂頭周緣，修去稜角以便入味。四季豆去蒂頭。
3. 取一鍋燒水，放入粗鹽少許，煮四季豆，約 3 分鐘撈起。同鍋煮秋葵約 2 分鐘，沖冷水，瀝乾，以保色澤。
4. 秋葵、四季豆一起放入醃料容器內，浸泡至少 20 分鐘。

什錦鹿尾菜

○ ひじきの五目煮

冷藏保存 1 週

材料	鹿尾菜 (乾燥) 22g	油 1 大匙

材料

鹿尾菜 (乾燥) 22g
水煮大豆 100g
紅蘿蔔 1/2 條
四季豆 30g~40g
鮪魚罐頭 一罐 (140g)

油 1 大匙
調味料
昆布高湯 (或水) 200cc
醬油、酒、味醂 各 2 大匙

1. 鹿尾菜泡水 20 分鐘。紅蘿蔔切絲。四季豆汆燙後斜切成 3cm 長段。

2. 熱鍋潤油,炒鹿尾菜、大豆、紅蘿蔔,下調味料及鮪魚 (罐頭的油先瀝除),煮 10 分鐘,再匯合四季豆,熄火,翻拌。

炒蒟蒻

○ 蒟蒻炒め

冷藏保存 1 週

材料	蒟蒻 230g	調味料
	鹽 少許	醬油 1 大匙
	柴魚片 1 包 (2.5g)	糖 2 小匙
	麻油 1 大匙	酒 2 大匙

1. 手撕蒟蒻成小塊狀。

2. 燒一鍋水，加入鹽少許，放入蒟蒻燙 1 分鐘，除異味。

3. 平底鍋下麻油炒蒟蒻，中火炒到表面轉為茶褐，加入調味料，炒勻，熄火，放入柴魚片拌一下。

明太子蓮藕

○ れんこん明太子サラダ

冷藏保存 3 天

材料	
蓮藕 200g	調味料
明太子 60g	麻油 2 大匙
紫蘇 5 片	味醂 1 大匙
醋 1 大匙	醬油 1 小匙
鹽 少許	

1. 蓮藕削皮，沖水略洗一下。

2. 煮一鍋水，加入鹽和醋，蓮藕放入煮 5 分鐘取出，切成 1 公分厚。(蓮藕脆硬，煮過後再切就不易碎裂)

3. 蓮藕放回同一鍋，續煮 5 分鐘，撈起。

4. 紫蘇撕成小片。

5. 大缽裡放入蓮藕、明太子、紫蘇，與調味料一起拌勻。

明太子四季豆

○ インゲンの明太子和え

冷藏保存 5 天

材料	四季豆 250g
	明太子 80g
	鹽 少許
	麻油、菜籽油 各 1 大匙

1. 煮一鍋水，放入鹽少許，煮四季豆約 5 分鐘，沖水瀝乾，去蒂切半。
2. 明太子剝除外膜，與麻油、菜籽油一起攪拌，加入四季豆拌勻。

花枝拌芝麻醬

○ いかの練りごま和え

冷藏保存 3 天

材料	花枝 1 隻 酒 1/2 大匙 麻油 1/2 大匙	醬料 芝麻醬 1/2 大匙 水 1 大匙 美乃滋 1 小匙 白芝麻 1 小匙 醬油、糖 各1/2 小匙

1. 花枝切成寬 1 公分輪狀。調勻醬料。
2. 熱鍋，下麻油，炒花枝，炒到顏色轉白，撒酒，翻炒數下起鍋，與醬料拌合。

○ 鶏肝のつや煮

薑絲雞胗雞肝

冷藏保存 4 ～ 5 天

材料

雞肝、雞胗 共 200g
薑絲 15g
醬料
　酒 2 大匙
　醬油、味醂、糖 各 1.5 大匙

1. 把雞肝、雞胗多餘的脂肪血塊清除，切成一口大小，沖水，拭乾。

2. 煮一鍋水汆燙雞肝、雞胗以去腥，表面一轉色即撈起。

3. 煮滾醬料，加入薑絲、雞肝、雞胗，以中火煮 5 分鐘後取出。醬汁煮出濃稠度，再把雞肝雞胗倒入，裹覆上色。縮短烹調時間，雞肝雞胗才好保持柔嫩。

糖醋丸子

○ 肉団子の甘酢風味

冷藏保存 5 天

材料	豬絞肉 200g	太白粉 1 大匙
	大蔥 (切末) 10cm	醬料
	薑 (切末) 1 塊	酒 1 大匙
	酒 2 大匙	醬油 1 小匙
	粗鹽 1/4 小匙	黑醋 3 大匙
	黑胡椒粉 少許	糖 1 大匙

1. 絞肉與蔥末、薑末、酒、粗鹽、黑胡椒粉、太白粉拌勻，搓成10顆小丸子，下鍋水煮。
2. 鍋裡倒入醬料，煮滾後，放入丸子燒到收汁。

菜捲丸子

○ 肉団子のチンゲン菜巻き

冷藏保存 5 天

材料	青江菜 1 株	醬料
	肉丸子 4 ～ 5 顆	醬油、酒 各 1 大匙
	鹽 少許	辣豆瓣醬、楓糖 各 2 小匙

1. 沸水中放入鹽少許，汆燙青江菜的菜葉，轉為豔綠即撈起，拭乾，取葉片包覆肉丸子（肉丸子作法請參考→ 159 頁）。

2. 平底鍋放入醬料，煮滾後，放入菜捲丸子，燒到收汁。

芝麻牛肉絲

○ 牛肉のごま炒め

冷藏保存 5 天

材料

牛肉 160g
底味
　麻油 2 小匙
　薑汁 適量

醬料
　酒 2 大匙
　醬油 2 小匙
　芝麻醬 2 小匙
白芝麻 1 大匙

1. 牛肉切成絲條，淋上底味，揉一下。
2. 以中火燒熱鍋子，炒牛肉絲。肉轉色後下醬料，翻炒均勻，起鍋前撒入白芝麻，拌一拌。

〈玉子燒〉

「可惜今年沒有伊達捲（伊達巻き），做不出來囉！」婆婆搖搖頭：「用了二、三十年的不沾鍋報銷了，怎麼煎怎麼焦，裡頭還生的，底下卻黏鍋，一下子就焦掉，不換不行了。可那種長方形的不沾鍋就是找不到，沒得換啊。少了那鍋子，伊達捲就做不出來啦，來，嘗嘗玉子燒！」

　　婆婆的年菜，總少不了伊達捲。把鱈寶（はんぺん，魚漿混山藥泥製成的魚板）捏散，丟進攪拌機跟雞蛋一起打，下酒、味醂、糖、鹽，一口氣打成淡白濃稠的蛋糊，然後，倒入不沾鍋，用中火煎到微焦，蓋鍋蓋，燜到整個熟了再翻面，盛起，移到竹簾子（鬼すだれ）上，把它捲起來，上下用三條橡皮筋束緊，立起來放涼。

　　竹簾子（鬼すだれ）特有的尖銳稜角捲成的伊達捲，帶著微焦深褐的滾邊，中間飽含蛋的鵝黃柔潤，切下來的剖面，漩渦立體，模樣明豔，在質樸的年菜中顯得特別耀眼。「伊達巻き」之名來自東北，相傳戰國時代有位家喻戶曉的人物，名叫伊達政宗，由於他饒勇善戰、瀟灑不凡，「伊達」遂成了秀逸的代名詞。綁在和服上脫俗別緻的腰帶，喻為「伊達巻き」，之後轉而意指外型講究的玉子燒。少了它，元旦春桌頓時少了光彩。婆婆老了，胃口小了，一日三餐變成兩餐，少吃少做，自然一年比一年生疏，看她菜色愈來愈簡樸，年菜用的玉子燒只用高湯、鹽和糖調味，耐得住四、五天。切成輪片，裝在容器裡，初一到初三，天天都上桌。

　　記得第一次嘗到玉子燒，是在京都的錦市場。狹長通道上，人潮洶湧，我們踩著不由自主的腳步經過「三木雞卵」時，及時識出了老店，立刻點了一份高湯玉子燒現吃。一口咬下，瞬間，身體像被釘到地面那樣……從沒吃過那麼細綿鬆軟，那麼嫩滑多汁的蛋，還溫溫的。店面好深，裡頭爐火冒著青色焰苗，我瞅見並排一列的黑鐵色燒鍋前面，站著幾位穿白衣戴白帽的師傅。長長的燒鍋，長長的筷子，一挑，又一挑，富有韻律感，從下往上撥，捲好一回合，把蛋撥下來，空的地方再澆一勺，微微顫搐的蛋液轉眼凝結，一下子又被捲到了上邊，乖乖巧巧。玉子燒被扣出來，躺進竹簾內休息、定型。之後才曉得，原來高湯玉子燒之所以細嫩，是因為利尻昆布和柴魚萃取出的高湯占了蛋液的一半。要捲那麼清滑的蛋液，是需要功夫的。

從手邊近端捲上去的手法，叫做「京捲」，跟「大阪捲」的方向相反，「大阪捲」是從遠端捲回近端。「三木雞卵」京都老店用的特長型玉子燒鍋，就是為了專門煎高湯玉子燒，蛋液淋上薄薄一層，旺火催燒，捲起來才快又順手。

口味眾多的玉子燒中，高湯玉子燒是最基本的，也是最奢侈的一種，它淨潤淡雅，是日本傳統的年菜之一。加上蔬菜餡的玉子燒，多了營養也富於變化，只要蛋心燒熟，加了糖防止乾硬，冷藏可存放五天到一週。說年菜是常備菜的原點，一點也不為過。辛勞了一整年，忙到歲末，主婦特意做幾道耐放的菜擺到過年之後，讓自己放鬆幾天，年菜正是慰勞婦人的貼心菜。延伸到日常，預先做一些常備菜冷藏，不僅輕緩清晨做便當的壓力，也能在忙碌疲憊或防疫限制外出期間，因應不時之需。剩菜與常備菜處於一線之隔，節約、惜物、不浪費是它們共同的出發點，不同的是，剩菜是收尾，常備菜是預備，一個消極一個主動。無論哪種菜，我認為美味才是決定期限的標準，耐放的常備菜也不例外，吃到最後一口都要可口。

青筋浮現，稀薄的皮下脂肪讓血管和指關節格外凸顯，婆婆一手夾起玉子燒，移到梅花大盤的年菜陣容中。陽光斜射照進窗戶，麻糬湯正冒著煙，年菜擺飾完成，大家拉開椅子就座，閉眼合掌：「開動囉。」新的一年，新的一天。不知明年是否情景依舊？婆婆的玉子燒雖不比伊達捲嬌豔，但它滋味溫柔。

錦絲蛋

○ 錦糸卵

冷藏保存 4 天

材料	蛋 2 顆
	鹽 1 小撮
	糖、酒 各1 小匙
	油 適量

1. 蛋打散，加鹽、糖、酒，充分打勻。用濾網過篩蛋液，煎出更細膩光滑的質感。

2. 以中火熱平底鍋，倒入油，使鍋底均勻覆上油膜一層就好，多餘的油以廚紙巾拭除，煎出的蛋才會光滑細緻。

3. 倒入蛋液，搖一下鍋子，使蛋液均勻擴張，呈現凝固狀態立即熄火，蓋上鍋蓋，把鍋子移到濕抹布上，持續燜 1 ～ 2 分鐘。等蛋完全凝固，掀蓋用手觸按一下，表面有彈性即可盛起，切絲。

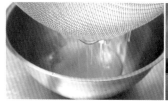

高麗菜玉子燒

○ キャベツの卵焼き

冷藏保存 5 天

材料

高麗菜 3 片（約 120g）
蛋 3 顆
油 1 大匙
粗鹽、糖 各 1/2 小匙
麻油 1 小匙

1. 高麗菜切絲。
2. 把高麗菜、蛋、粗鹽、糖和麻油全放入大缽中，打勻。
3. 鍋中放入油 1 大匙，搖一下鍋子，使鍋緣鍋底充分覆油，多餘的油以廚紙巾吸取。
4. 把蛋液一口氣倒入鍋裡，小火慢煎，蓋上鍋蓋燜 10 分鐘，等蛋香飄出，見到鍋緣蛋液也凝固了，翻面。將蛋倒扣盤上，翻面再回鍋煎熟。熄火，放涼，依所需切成數等分。

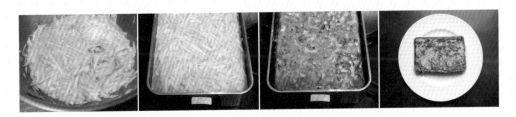

四
季
豆
玉
子
燒

○ インゲンの卵焼き

冷藏保存 4 天

材料

四季豆 4 ～ 5 根
蛋 2 顆
油 1 大匙

鹽、糖 各 1/4 小匙
淡口醬油 數滴

1. 四季豆放入加了少許鹽的沸水中汆燙，燙熟撈起，依玉子燒鍋的寬度把四季豆切齊 (四季豆預先煮好，浸泡高湯一晚尤佳)。

2. 蛋打散，以鹽、糖、淡口醬油調味。

3. 中火熱玉子燒鍋，下油 1 大匙，讓鍋子四周充分走油，以廚紙巾吸取多餘油分。

4. 蛋液分三次注入。先倒 1/3，搖一下鍋子，使之分布均勻，四季豆擺在鍋子的 1/3 處 (如圖)，邊煎邊捲下來。

5. 煎好的蛋往上推，再注入 1/3 蛋液，佈勻鍋底，等蛋液凝固再捲起來。如此重複一遍。若油分不夠，注蛋液之前請補油，用剛才拭油的紙巾塗一下，便能煎得更順手。

海帶芽玉子燒

○ ワカメとチーズの卵焼き

冷藏保存 4 天

材料	蛋 2 顆	高湯 2 大匙
	乾海帶芽 2 小匙	鹽 2 小撮
	乳酪片 1 片	油 1 大匙

1. 乾海帶芽用水泡開，約 5 分鐘後取出擰乾。乳酪片切丁。
2. 缽裡放入海帶芽、乳酪、高湯、鹽和蛋，充分打勻。
3. 熱玉子燒鍋，下油 1 大匙，讓鍋子充分走油，以廚紙巾吸取多餘油分。
4. 蛋液分三次注入。先倒 1/3，搖一下鍋子，使之均勻分布，邊煎邊捲。
5. 煎好的蛋往上推，再倒入 1/3 蛋液，佈勻鍋底，等蛋液凝固再捲起。如此重複一遍。若油分不夠，
注蛋液之前再補油，用剛才拭油紙巾塗一下，便能煎得順手。

跋一〈夏日清晨的對話〉

梅村 修

　　那是一個蟬聲唧唧的夏日早晨。
　　妻子和我一邊吃著水煮蛋，一邊聊著人生中什麼才是美。

　　「橫尾忠則的作品真的很變態！不過，我覺得他忠於自己，堅持做自己喜歡的東西，不媚俗，是個真正的藝術家。」
　　「嗯，我也不太喜歡他的東西。」
　　「你不是橫尾忠則的鐵粉嗎？」
　　「沒這回事！要是硬問我喜歡還是討厭，他會被歸到討厭的那一邊。」
　　「真的嗎？那你喜歡的基準是甚麼？」
　　「就跟收藏古董一樣啊，願不願意自掏腰包花錢買回家，跟它一起生活，是我唯一的衡量標準。我可不想拿橫尾那些奇幻的畫掛在自己房間。」
　　「那想不想把達文西的《蒙娜麗莎》掛在牆上？你不是最喜歡達文西嗎？」
　　「那就像把蘇菲亞羅蘭娶回家一樣，要是跟那樣一個妖豔美女一起過日子，我可能會窒息吧！沒有錯，達文西的畫確實了不起，可我不會想拿《蒙娜麗莎》來裝飾家裡，以這個標準來看，《蒙娜麗莎》算是討厭的吧。不過，那幅《抱銀貂的女子》倒是很想要呀……」

「……」

「料理也是這樣啊，要是每天都是法式豪華全餐，我可吃不消，對我來說，媽媽的手作料理才是最高級的饗宴！」

停了一會兒，妻子喃喃說道：
「夫妻對品味的基調相契合，實在是件幸福的事。比起達文西，我更喜歡爸爸。」
「我也是，就像愛這夏季的蟬聲一樣，我最愛媽媽！」

（尤可欣 譯）

蝉が鳴きしきる夏の朝のことである

　　毎日フランス料理のフルコースじゃ辟易しますよ。僕にとっては
ママの手料理が最高のごちそうです。

梅村 修

寫在最後

　　傍晚離開金澤，準備搭乘雷鳥列車 (サンダーバード) 回神戶之前，特地提早一點時間，跑到站前的「駅弁処金沢」物色便當。一進門，湊近各家玻璃櫃台仔細瞧，裏頭的每個便當都掛著編號，彷彿爭奇鬥豔的佳麗，競演著一場選美。日本北陸地方以海鮮聞名，紅鱸 (のどぐろ)、甜蝦 (甘えび)、螃蟹、鮑魚飯、鱒魚押壽司與當地特產的能登牛燒肉分庭抗禮，最熱門，稍一猶豫恐怕會被後面的人搶走，所剩無幾；可店內還有五十多種便當沒看完呢。我們按住焦急，來來回回走了兩圈，才挑定一個滿意的，拎在手上，奔向車站。

　　火車離開月台，窗外漸漸暗下來。坐定後，打開剛剛買來的便當。正方形的九宮格裡裝著兩條滷螢烏賊、炸白甜蝦、鱒魚壽司、鰤魚滷白蘿蔔、滷海貝及紅蟹炊飯等九品菜色，分量小巧，適合車內享用，小小一塊抹茶蕨餅 (わらび餅)，負責潤口結尾。流動的景，飛也似地往後退去，夜色愈來愈深，眼睛、嘴巴卻逐漸明亮起來。我們低頭專注，心無旁騖，配著茶，不多話。旅途歸來的疲憊感籠罩著車廂，幸好有這一盒便當。我好喜歡那昆布鰊魚捲，褐綠接近墨色，嘗起來柔軟甘鹹，特別好吃！

　　去年春天返台，帶先生一起上阿里山，其實，也是我第一次到訪。那天細雨綿綿，山巔雲霧繚繞，我們漫步在古木森林間，沉默的千年檜樹不管風吹日曬雨打，昂然不動，魁偉蓊鬱，令人敬畏。麝香包覆著卑微的我們。天很快黑，必須及時下山，返回嘉義搭「環島之星」回家。就座不久，車掌便發給每人一份嘉義雞肉飯便當，作為晚餐。打開便當，素淨的雞肉飯上散著些許榨菜絲，配上兩塊炸馬鈴薯餅、半顆水煮蛋、兩份青菜、漬蘿蔔，味道淳樸溫和，給我一陣觸動。原來台灣鐵路便當變了，不再只是招牌的排骨飯滷蛋而已，業者用心發掘鄉土資源，積極就地取材，致力扎根。

　　鐵路便當為何那樣迷人？我想，是不是因為移動者特別容易感受到，凝縮土地精華的食物所帶來的純粹與堅定？它使旅行者溫飽，感到安慰，一路奔波的緊張勞頓隨著鐵軌的摩擦聲鬆弛了，讓人蕩悠悠的，神魂飄飛。旅中偶然的邂逅，按旅行指南拜訪的餐館小攤，尋覓、迂迴、冒險的片段，不斷在內心發酵、更新，新鮮與熟悉感交織，慢慢地消化、沉澱，庫存成一篇篇飲食記憶。

　　當我站在做便當的這一邊，面對砧板上的一條魚、一塊肉、一把菜，旅行剪影不時倒帶。米蘭宣布封城遏止瘟疫，原定的計畫成了泡影，不得不中途折返羅馬，

才能平安出境。義大利 Italo 高鐵車廂裏，冬日陽光斜射進來，咬著包在烘焙紙裏剛出爐的橄欖起司培根披薩，完全沒察覺它是如何支撐了我們的心，鼓舞我們勇敢前行，從翡冷翠往羅馬去。

我把菠菜泥與香草泥攪拌在一起，劃開豬肉菲力條，包進去，當作餡料，用棉線綁緊，放入鍋子小火燜著。肉汁調鮮奶油，乳化成醬，飄出一抹歐洲氣韻。

燙好的肉丸子一顆顆用青江菜包起來，多一個步驟，多一分細膩。綠丸子被辣豆瓣醬、醬油、酒、糖溫柔纏繞，猜猜它的味道！

把香菇連在丸子上，就像戴一頂貝雷帽，帥不帥？培根上襯一張菜葉，一同把蝦子捲緊，煎一下，結果，放涼了也好吃。

去骨對剖的星鰻，晶瑩透亮，要是跟大蔥捲起來一起烤，是甚麼滋味？也許用白帶魚、秋刀魚做起來更棒！去年在台灣見到的白帶魚，整條去骨，口感細緻綿密，令人難忘，又柔又嫩，入菜好簡單。

海苔更優秀了，把軟得不像話的肉餡包起來，入鍋炸，立刻定色定型，好樣好味，香噴噴！它是便當的最佳夥伴，可捲、可炸、可煎，可撕碎後撒在米飯上。濕了渾身是潮香，只要加點醬油，爆一下蒜末，海苔炒菜有色有香！

故鄉基隆與我現居的地方有點像，都是一座海港，海的對面矗立著山，中間流貫著小河川。有人問，菜怎樣裝便當？不妨照著地形走吧：先盛入白飯，剩下的空間，左上角擺入主菜，當作山，右下角填入副菜，當作海，中間順流而下，照著視覺動線置入配菜，盡可能跟隔壁的顏色錯開。偶爾抱著好奇做一點冒險，嘗試不同的搭配、調味，醞釀出驚喜。即使失敗了，也別在意，調整後，再試一次！

如今我不只為人做便當，也為自己。可惜今年新冠肺炎疫情爆發，讓人行動受限，走不到哪兒去。這段日子，收回步伐，拾得時間，回憶旅行，懷想我媽媽的便當，寫下了這本書。相信不久後風暴平息，我們又將回復以往，想去多遠，就去多遠。春天一來，約親友聚在櫻花樹下，任花瓣飄落在敞開的飯盒上。

願自由與平安，早日重返。

2020 年 8 月底 蟬聲未歇時

琵琶湖畔「海津大崎」的染井吉野櫻，延綿四公里。

想吃。梅村月：三菜一飯台日式便當

作者 / 梅村 月
責任編輯 / 劉憶韶
特約校對 / 林心紅
版權 / 黃淑敏、吳亭儀
行銷業務 / 王瑜、周佑潔、周丹蘋
總編輯 / 劉憶韶
總經理 / 彭之琬
事業群總經理 / 黃淑貞
發行人 / 何飛鵬
法律顧問 / 元禾法律事務所 王子文律師
出版 / 商周出版 台北市 104 民生東路二段 141 號 9 樓
　　　電話：(02)25007008　傳真：(02)25007759　Email：bwp.service@cite.com.tw
發行 / 英屬蓋曼群島商家庭傳媒股份有限公司城邦分公司
　　　台北市中山區民生東路二段 141 號 2 樓
　　　書虫客服服務專線：02-25007718 02-25007719
　　　24 小時傳真線：02-25001990 02-25001991
　　　服務時間：週一至週五 9:30-12:00 13:30-17:00
　　　劃撥帳號：19863813　戶名：書虫股份有限公司
　　　讀者服務信箱 Email：service@readingclub.com.tw
香港發行所 / 城邦 (香港) 出版集團有限公司 香港灣仔駱克道 193 號東超商業中心 1 樓
　　　　　Email：hkcite@biznetvigator.com 電話：(852)25086231 傳真：(852)25789337
馬新發行所 / 城邦 (馬新) 出版集團 Cite(M)Sdn Bhd
　　　　　41, Jalan Radin Anum, Bandar Baru Sri Petaling, 57000 Kuala Lumpur, Malaysia.
　　　　　Tel :(603)90578822　Fax：(603)90576622　Email：cite@cite.com.my

設計 / 森田達子
序圖攝影 / 梅村 修
印刷 / 卡樂彩色製版印刷有限公司
總經銷 / 聯合發行股份有限公司
　　　　新北市 231 新店區寶橋路 235 巷 6 弄 6 號 2 樓

國家圖書館出版品預行編目 (CIP) 資料

想吃。梅村月：三菜一飯台日式便當 / 梅村月著 . -- 初版 .
-- 臺北市：商周出版：家庭傳媒城邦分公司發行 , 2020.09
　　面；　公分
　　ISBN 978-986-477-890-4(平裝)

　　1. 食譜

　　　　　427.17　　　　　　　　　109010812

2020 年 9 月 18 日初版 | 定價 380 元
ISBN 978-986-477-890-4